# 学习指导与训练

## 应用数学

### ● 基础模块 上册

本书编写组 编写

苏州大学出版社

**图书在版编目(CIP)数据**

应用数学:基础模块.上册/《学习指导与训练》编写组编写.—苏州:苏州大学出版社,2010.5(2020.7重印)

(学习指导与训练)

ISBN 978-7-81137-487-2

Ⅰ.①应… Ⅱ.①学… Ⅲ.①应用数学-专业学校-习题 Ⅳ.①O29-44

中国版本图书馆 CIP 数据核字(2010)第 093403 号

---

学习指导与训练·应用数学

基础模块 (上册)

本书编写组 编写

责任编辑 李 娟

苏州大学出版社出版发行
(地址:苏州市十梓街1号 邮编:215006)
虎彩印艺股份有限公司印装
(地址:东莞市虎门镇北栅陈村工业区 邮编:523898)

开本 787 mm×1 092 mm 1/16 印张 7.25 字数 174 千
2010 年 5 月第 1 版 2020 年 7 月第 9 次印刷
ISBN 978-7-81137-487-2 定价:18.00 元

苏州大学版图书若有印装错误,本社负责调换
苏州大学出版社营销部 电话:0512-67481020
苏州大学出版社网址 http://www.sudapress.com

# 编写说明

　　本书为中等职业教育课程改革实验教材《应用数学·基础模块(上册)》的学习指导用书,与教材体系相同,与教学内容紧密衔接,基本点、重点、难点突出,题型难易程度适中,题目典型,题量适当.本书所选题目注重基本概念、基本定理、基本运算的考察,适当配有提高题,以训练学生的解题技能.

　　全书按章节编排,每章由"主要内容""学习要求""典型例题分析""课外习题"四部分组成,每章后有A、B测试卷各一份."主要内容"帮助学生和教师整理课本上的重要概念、公式、法则和一些重要的结论;"学习要求"指出本章节学生应掌握的知识及能力要求;"典型例题分析"用以帮助学生进一步掌握重要题型的解题方法,便于自学,例题解答力求简洁规范,可作为教师上课和学生作业解题的参考;"课外习题"分A、B两组,A组题目难度与教材要求一致,B组题目供学有余力的同学选做.

　　本书由章亦华主编,李根深副主编,参加编写的有宋丹、陈娟、张玉芳、费洪华、梅春林、薛丽萍、朱芳芳、夏洁、王光芳等.

　　本书在编写过程中参考了有关资料,在此一并表示感谢!

　　尽管编者在编写过程中尽可能使内容方便教学,但疏漏和不当在所难免,恳请读者批评、指正.

编　者

2010 年 5 月

# 目 录

## 第一章 集合 ............................................................ (1)
§1.1 集合及其表示 ................................................ (5)
§1.2 集合之间的关系 ............................................ (6)
§1.3 集合的运算 .................................................... (8)
§1.4 充分必要条件 ................................................ (9)
自测题一 ................................................................ (11)

## 第二章 不等式 ........................................................ (15)
§2.1 不等式的性质 ................................................ (19)
§2.2 数集的区间表示 ............................................ (20)
§2.3 几类不等式的解法 ........................................ (21)
自测题二 ................................................................ (23)

## 第三章 函数 ............................................................ (28)
§3.1 函数的概念 .................................................... (32)
§3.2 函数的性质 .................................................... (36)
§3.3 函数的图象 .................................................... (38)
§3.4 函数的实际应用举例 .................................... (41)
自测题三 ................................................................ (44)

## 第四章 指数函数与对数函数 ................................ (50)
§4.1 指数 ................................................................ (53)
§4.2 幂函数 ............................................................ (54)
§4.3 指数函数 ........................................................ (55)
§4.4 对数的概念 .................................................... (57)
§4.5 积、商、幂的对数 ........................................ (59)

§4.6 对数函数 ……………………………………………………………… (60)
自测题四 ……………………………………………………………… (62)

## 第五章 三角函数 ……………………………………………………… (65)

§5.1 角的概念推广及度量角的弧度制 ……………………………… (68)
§5.2 任意角的三角函数 ………………………………………………… (69)
§5.3 同角三角函数的基本公式 ………………………………………… (71)
§5.4 正弦、余弦、正切函数的负角公式和诱导公式 ………………… (72)
§5.5 三角函数的图象与性质 …………………………………………… (73)
自测题五 ……………………………………………………………… (76)

## 参考答案 ……………………………………………………………………… (80)

# 第一章 集 合

【主要内容】

| | | |
|---|---|---|
| 基础知识 | 概念 | 集合是有限个或无限个事物的总体,这些事物或者被直接选定,或者以某种特定的属性予以界定,构成集合的每一个具体事物叫做该集合的元素.<br>叙述一件事情的语句叫做陈述句.一个陈述句如果是正确的,就说是真的;如果是错误的,就说是假的.能够判断真假的陈述句叫做命题.<br>设 $p$ 和 $q$ 分别表示两个复合命题的条件和结论,由条件 $p$ 为真出发,经过推理得到结论 $q$ 为真,从而得出复合命题"如果 $p$,那么 $q$"为真命题,这时就说,"$p$ 推出 $q$",记作 $p \Rightarrow q$(或 $q \Leftarrow p$) |
| | 构成集合的基本原则 | 确定性:属性必须明确地确定集合中的元素<br>互异性:集合中的元素必须互不相同<br>无序性:集合中的元素的书写次序可以任意 |
| | 记号 $\in, \notin$ | $\in$:表示元素属于集合<br>$\notin$:表示元素不属于集合 |
| | 集合表示法 | 列举法:集合标识符={以逗号隔开的全部元素}<br>描述法:集合标识符={元素公共属性描述} |
| | 分类 | 有限集:有限个元素构成的集合<br>无限集:无限个元素构成的集合 |
| 数集 | 基本数集 | $\mathbf{N}$:自然数集,$\mathbf{N}=\{0$ 和所有正整数$\}$<br>$\mathbf{N}^*$ 或 $\mathbf{N}_+$:正整数集,$\mathbf{N}^*$ 或 $\mathbf{N}_+ = \{1,2,3,4,\cdots\}$<br>$\mathbf{Z}$:整数集,$\mathbf{Z}=\{\cdots,-3,-2,-1,0,1,2,3,\cdots\}$<br>$\mathbf{Q}$:有理数集,$\mathbf{Q}=\{$整数和分数$\}$<br>$\mathbf{R}$:实数集 |
| 关系 | 子集与真子集 | 子集:$A \subseteq B \Rightarrow$ 若 $x \in A$,则 $x \in B$<br>真子集:$A \subsetneq B \Rightarrow A \subseteq B$ 且存在 $x \in B$ 而 $x \notin A$ |
| | 补集 | $\complement_U A = \{x \mid x \in U$ 且 $x \notin A\}$ |
| 运算 | 交集 | $A \cap B = \{x \mid x \in A$ 且 $x \in B\}$ |
| | 并集 | $A \cup B = \{x \mid x \in A$ 或 $x \in B\}$ |

**【学习要求】**

1. 理解集合的概念,掌握集合的符号表示.
2. 理解集合之间的关系.
3. 把符号"⊆","⫋"与"∈"区分开来.
4. 会写出一个集合的子集、真子集.
5. 掌握集合的运算,并会进行简单应用.
6. 理解有关符号的表示.
7. 掌握充分必要条件.

**【典型例题分析】**

**例1** 用记号"∈"或"∉"连接下面的事物和集合:

(1) $A$ 是能被 3 整除的正数集合,数 $a=-15, b=-6, c=9, d=15, e=31, h=1023$;

(2) $B$ 是由你所在学校全体学生、教师构成的集合,$a$ 表示你校校长,$b$ 表示你班某位同学,$c$ 表示你校的门卫,$d$ 表示在你班借读的某位学生,$h$ 表示你的班主任.

**解** (1) $a \notin A, b \notin A, c \in A, d \in A, e \notin A, h \in A$;

(2) $a \in B, b \in B, c \notin B, d \notin B, h \in B$.

**例2** 讨论下列集合的包含关系:

(1) $A=\{$今年天阴的日子$\}, B=\{$今年天下雨的日子$\}$;

(2) $A=\{x | x$ 是本班所有各门课成绩都不低于 90 分的学生$\}, B=\{x | x$ 是本班数学成绩不低于 90 分的学生$\}$;

(3) $A=\{-2,-1,0,1,2,3\}, B=\{-1,0,1\}$.

**解** (1) 因为雨天必定是阴天,但阴天未必下雨,所以 $B \subseteq A$;

(2) 因为任意 $x \in A \Rightarrow x$ 的各门课成绩都不低于 90 分 $\Rightarrow x$ 的数学成绩不低于 90 分 $\Rightarrow x \in B$,但存在 $x \in B$,他的数学成绩不低于 90 分,但有其他课成绩低于 90 分,这样 $x \notin A$,由此 $A \subsetneq B$;

(3) $x \in B \Rightarrow x=-1$ 或 0 或 $1 \Rightarrow x \in A$,但存在 $x=-2 \in A, -2 \notin B$,所以 $A \supsetneq B$.

**例3** 用适当的符号($\in, \notin, \subsetneq, \supsetneq, =$)填空:

(1) 0 _____ **R**;  (2) $\varnothing$ _____ $\{a\}$;  (3) $\{a,b\}$ _____ $\{b,a\}$;

(4) $\{a,b\}$ _____ $\{a\}$;  (5) $a$ _____ $\{b,c\}$;  (6) 0 _____ $\{0\}$.

**解** (1) $\in$;(2) $\subsetneq$;(3) $=$;(4) $\supsetneq$;(5) $\notin$;(6) $\in$.

**例4** 写出集合 $A=\{1,2,3\}$ 的所有非空真子集和非空子集.

**解** 集合 $A$ 的所有非空真子集是:$\{1\},\{2\},\{3\},\{1,2\},\{1,3\},\{2,3\}$;

集合 $A$ 的所有非空子集是:$\{1\},\{2\},\{3\},\{1,2\},\{1,3\},\{2,3\},\{1,2,3\}$.

**例5** 用符号"⊆","⫋"连接下面几个集合:

$A=\{$一年内的晴天$\}, B=\{$一年内下雨的天$\}$,

$C=\{$一年内不下雨的天$\}, D=\{$一年内的阴天$\}$.

解 $A \subsetneq C, B \subsetneq D$.

**例6** 求下列集合的交集：
(1) $A=\{2,4,7\}, B=\{-2,1,2,4\}$；
(2) $A=\{$等腰三角形$\}, B=\{$直角三角形$\}$；
(3) $A=\{x|x<-1\}, B=\{x|x \geqslant -4\}$；
(4) $A=\{x|x \leqslant -1\}, B=\{x|x>2\}$.

解 (1) $A \cap B=\{2,4\}$；
(2) $A \cap B=\{$等腰直角三角形$\}$；
(3) $A \cap B=\{x|-4 \leqslant x<-1\}$(见图(1))；
(4) $A \cap B=\varnothing$(空集)(见图(2)).

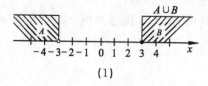
(1)

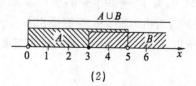
(2)

**例7** 10名学生组成一个小组. 在期中考试时, 组内有8位同学数学成绩优秀, 有5位同学语文成绩优秀. 问得双优的同学可能是几位？

解 设有 $x$ 位同学得双优, 则
$$\begin{cases} x \leqslant 5, \\ 8+5-x \leqslant 10. \end{cases}$$

第一个方程的解集为 $A=\{0,1,2,3,4,5\}$, 第二个方程的解集为 $B=\{x|x \geqslant 3, x \in \mathbf{N}\}$.

得双优的同学的人数是 $A, B$ 的交集中元素: $A \cap B=\{3,4,5\}$, 所以得双优的同学的人数最少3位, 最多5位.

**例8** 求下列集合的并集：
(1) $A=\{x|x \geqslant 3\}, B=\{x|x<-3\}$；
(2) $A=\{x|x \geqslant 3\}, B=\{x|0<x<5\}$；
(3) $A=\{$班内全体男生$\}, B=\{$班内全体女生$\}$.

解 (1) $A \cup B=\{x|x<-3$ 或 $x \geqslant 3\}$(见图(1))；
(2) $A \cup B=\{x|x>0\}$(见图(2))；
(3) $A \cup B=\{$全班学生$\}$.

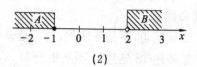

**例9** 设集合 $A=\{x|x^2-5x+6=0\}, B=\{x|x^2-12x+35=0\}$, 求 $A \cup B, A \cap B$.
解 $x^2-5x+6=0$ 的根为 $x_1=2, x_2=3$；
$x^2-12x+35=0$ 的根为 $x_1=5, x_2=7$.
因此, $A=\{2,3\}, B=\{5,7\}$. 所以 $A \cup B=\{2,3,5,7\}, A \cap B=\varnothing$.

**例 10**  设 $A=\{(x,y)|3x-2y=11\}$，$B=\{(x,y)|2x+3y=16\}$，求 $A\cap B$.

**解**  方程组 $\begin{cases}3x-2y=11,\\2x+3y=16\end{cases}$ 的解为 $x=5,y=2$，因此 $A\cap B=\{(5,2)\}$.

**例 11**  设 $U=\{1,2,3,4,5,6\}$，$A=\{2,3,5\}$，$B=\{1,4\}$，求 $\complement_U(A\cup B)$.

**解**  因为 $A\cup B=\{1,2,3,4,5\}$，所以 $\complement_U(A\cup B)=\{6\}$.

**例 12**  判断下列语句是不是命题，如果是命题，请判断其真假：

(1) 9 不是质数；

(2) 集合 $\{0\}$ 是空集吗？

(3) 3 是集合 $\{1,2,5\}$ 中的元素.

**解**  (1) 是陈述句. 显然 9 能被 3 整除，因此"9 不是质数"为真. 所以该语句是命题，并且是真命题.

(2) 是疑问句，不是陈述句，故不是命题.

(3) 是陈述句. 显然"3 不是集合 $\{1,2,5\}$ 中的元素"，因此"3 是集合 $\{1,2,5\}$ 中的元素"是错误的. 所以该语句是命题，并且是假命题.

**例 13**  指出下列各组命题中，$p$ 是 $q$ 的什么条件：

(1) $p:x=y,q:|x|=|y|$；

(2) $p:|x|=1,q:x=1$.

**解**  (1) 因为由 $x=y$ 能够推出 $|x|=|y|$，而由 $|x|=|y|$ 不能够推出 $x=y$，即 $p\Rightarrow q$ 而 $p\not\Leftarrow q$，所以 $p$ 是 $q$ 的充分条件，但不是必要条件.

(2) 因为由 $|x|=1$ 不能够推出 $x=1$，而由 $x=1$ 能够推出 $|x|=1$，即 $p\not\Rightarrow q$ 而 $p\Leftarrow q$，所以 $p$ 是 $q$ 的必要条件，但不是充分条件.

**例 14**  指出下列各组命题中，$p$ 是 $q$ 的什么条件：

(1) $p:x>3,q:x>5$；

(2) $p:x-2=0,q:(x-2)(x+5)=0$；

(3) $p:-3x>6,q:x<-2$.

**解**  (1) 因为由 $x>3$ 不能推出 $x>5$，但是由 $x>5$ 能够推出 $x>3$，即 $p\not\Rightarrow q$ 而 $p\Leftarrow q$，所以 $p$ 是 $q$ 的必要不充分条件.

(2) 因为由 $x-2=0$ 能够推出 $(x-2)(x+5)=0$，但是由 $(x-2)(x+5)=0$ 不能推出 $x-2=0$，即 $p\Rightarrow q$ 但 $p\not\Leftarrow q$，所以 $p$ 是 $q$ 的充分不必要条件.

(3) 因为由 $-3x>6$ 能够推出 $x<-2$，并且由 $x<-2$ 能够推出 $-3x>6$，即 $p\Rightarrow q$ 且 $p\Leftarrow q$，所以 $p$ 与 $q$ 等价，即 $p$ 是 $q$ 的充要条件.

【课外习题】

## §1.1 集合及其表示

**A 组**

1. 用适当的符号（"$\in$"或"$\notin$"）填空：
(1) 1 _____ $\{1\}$；
(2) $a$ _____ $\{a,b,c\}$；
(3) $d$ _____ $\{a,b,c\}$；
(4) 0 _____ $\{1,2,3\}$；
(5) $-3$ _____ $\mathbf{N}$；
(6) 0.5 _____ $\mathbf{Z}$；
(7) 0 _____ $\{x\,|\,x \text{ 是正实数}\}$；
(8) $\sqrt{3}$ _____ $\mathbf{R}$；
(9) 11 _____ $\mathbf{N}$；
(10) 0 _____ $\mathbf{N}^*$；
(11) 1 _____ $\{1,2,3\}$；
(12) 0 _____ $\{0\}$；
(13) 0 _____ $\varnothing$；
(14) $a$ _____ $\{a\}$；
(15) 1 _____ $\{0\}$；
(16) 1 _____ $\{1,7,9\}$.

2. 用列举法表示下列集合：
(1) 绝对值不大于 10 的奇数集合；
(2) 你所在班级身高超过 1.70 m 的男同学；
(3) 你所在班级所有的女同学.

3. 用描述法表示下列集合：
(1) 不小于 $-4$ 的奇数的集合；
(2) 方程 $x^2-4x-5=0$ 的正根的集合；
(3) $\{$平方等于 1 的数$\}$.

**B 组**

1. 选择题：
(1) 用列举法可以把集合 $\{x\,|\,x^2-3x+2=0\}$ 表示为 （　　）
A. 1　　　　B. 2　　　　C. 1,2　　　　D. $\{1,2\}$
(2) 用列举法可以把集合 $\{x\,|\,0\leqslant x\leqslant 10,\text{且 } x \text{ 为偶数}\}$ 表示为 （　　）

A. 2,4,6,8  B. {2,4,6,8}
C. {0,2,4,6,8,10}  D. {2,4,6,8,10}

(3) 用列举法可以把集合 $\{x\mid -9\leqslant x\leqslant -1,$ 且 $x$ 为奇数$\}$ 表示为 （　　）

A. $\varnothing$  B. $\{-9,-7,-5,-3\}$
C. $\{-9,-7,-5,-3,-1\}$  D. $\{-7,-5,-3\}$

(4) 由全体偶数所组成的集合是 （　　）

A. $\{m\mid m=2k,k\in \mathbf{Z}\}$  B. $\{m\mid m=2k,k\in \mathbf{N}\}$
C. $\{m\mid m=\pm 2,\pm 4,\pm 6,\cdots\}$  D. $\{m\mid m=k+2,k\in \mathbf{Z}\}$

(5) 由全体奇数所组成的集合是 （　　）

A. $\{k\mid k=2(m+1),m\in \mathbf{Z}\}$  B. $\{k\mid k=2(m-1),m\in \mathbf{Z}\}$
C. $\{k\mid k=2m-1,m\in \mathbf{Z}\}$  D. $\{k\mid k=2m+2,m\in \mathbf{Z}\}$

(6) 由平方为 1 的数所组成的集合是 （　　）

A. 1  B. $-1$  C. $\pm 1$  D. $\{1,-1\}$

(7) 由坐标平面内不在坐标轴上的点所组成的集合是 （　　）

A. $\{(x,y)\mid xy\neq 0\}$  B. $\{(x,y)\mid x\neq 0\}$
C. $\{(x,y)\mid xy=0\}$  D. $\{(x,y)\mid xy=0\}$

2. 用列举法表示下列集合：

(1) $\left\{x\mid -\dfrac{4}{5}<x<5,x\in \mathbf{Z}\right\}$；

(2) $\{x\mid x=3m-1,m\in \mathbf{Z}$ 且 $-2<m<2\}$.

## §1.2　集合之间的关系

### A 组

1. 用适当的符号 $(=,\subsetneqq$ 或 $\supsetneqq)$ 填空：

(1) $\{a\}$ _____ $\{a,b,c\}$；　　(2) $\{a,b\}$ _____ $\{a,b,c\}$；
(3) $\varnothing$ _____ $\{1,2,3\}$；　　(4) $\{c,b,a\}$ _____ $\{a,b,c\}$；
(5) $\varnothing$ _____ $\mathbf{Q}$；　　(6) $\mathbf{R}$ _____ $\mathbf{Z}$；
(7) $\{1\}$ _____ $\{1,2,3\}$；　　(8) $\{0\}$ _____ $\varnothing$；
(9) $\{1,2,3\}$ _____ $\{3,2,1\}$；　　(10) $\{a\}$ _____ $\{x\mid x-a=0\}$；
(11) $\{a,b\}$ _____ $\{d,b,a\}$；　　(12) $\mathbf{N}$ _____ $\mathbf{Q}$；
(13) $\mathbf{R}$ _____ $\mathbf{Q}$；　　(14) $\mathbf{Q}$ _____ $\mathbf{R}$.

2. 给出下列命题：

① 空集没有子集；② 任何集合至少有两个子集；③ 空集是任何集合的真子集；
④ 若 $\varnothing \subsetneqq A$，则 $A\neq \varnothing$.

其中正确的命题的序号为_____.

3. 若 $A=\{0,1,2\}, B=\{2,4,8\}, C\subseteq A, C\subseteq B$,则满足条件的集合 $C$ 为_____.(写出所有可能的情况)

4. 设 $\Omega=\{$小于9的自然数$\}, A=\{3,4,5\}, B=\{4,7,8\}$,求 $\complement_\Omega A, \complement_\Omega B$.

5. 写出集合 $A=\{1,2,5\}$ 的所有非空真子集和非空子集.

## B 组

1. 已知集合 $A=\{x\mid 1<x<2\}, B=\{x\mid x<a\}$,若 $A\subseteq B$,则实数 $a$ 的取值范围是_____.

2. 设全集 $U=\{x\mid x<9$ 且 $x\in\mathbf{N}\}, A=\{2,4,6\}, B=\{0,1,2,3,4,5,6\}$,则 $\complement_U A=$ _____,$\complement_U B=$_____,$\complement_B A$ _____.

3. 已知集合 $A\subseteq\{2,3,7\}$,且 $A$ 中至多有1个奇数,这样的集合共有_____个.

4. 设 $M=\{1,4,m\}, N=\{1,m^2\}$,且 $N\subseteq M$,求集合 $M$ 与 $N$.

5. 用适当的符号表示下列各题中集合 $A, B$ 之间的关系:
(1) $A=\{x\mid x=2n, n\in\mathbf{N}\}, B=\{x\mid x=4n, n\in\mathbf{N}\}$;
(2) $A=\{x\mid x$ 是等腰三角形$\}, B=\{x\mid x$ 是等边三角形$\}$;
(3) $A=\{x\mid x=2n+1, n\in\mathbf{Z}\}, B=\{x\mid x=4n\pm 1, n\in\mathbf{Z}\}$.

6. 判断下列两个集合之间的关系：
(1) $A=\{1,2,4\}$, $B=\{x|x$ 是 8 的约数$\}$；
(2) $A=\{x|x=3k,k\in \mathbf{N}\}$, $B=\{x|x=6z,z\in \mathbf{N}\}$；
(3) $A=\{x|x$ 是 4 与 10 的公倍数$\}$, $B=\{x|x=20m,m\in \mathbf{N}^*\}$.

## §1.3 集合的运算

### A 组

1. 填空：
(1) $\{5,6,7,8,10\} \cap \{5,6,8,9\} =$ _____；
(2) $\{1,2,3,4\} \cap \{4,5,6,7\} =$ _____；
(3) $\{$平行四边形$\} \cap \{$菱形$\} =$ _____；
(4) $\{$雌鸟$\} \cap \{$会飞的鸟$\} =$ _____；
(5) $\{5,6,7,8,10\} \cup \{5,6,8,9\} =$ _____；
(6) $\{1,2,3,4\} \cup \{4,5,6,7\} =$ _____；
(7) $\{$平行四边形$\} \cup \{$菱形$\} =$ _____；
(8) $\{$不会飞的鸟$\} \cup \{$会飞的鸟$\} =$ _____.

2. 已知 $A=\{0,1,2\}$, $B=\{1,2,3\}$, 则 $A\cap B=$ _____.

3. 已知集合 $A=\{x|x^2-x-2=0\}$, 集合 $B=\{x|1<x\leqslant 2\}$, 则 $A\cap B=$ _____.

4. 设 $A=\{x|-1<x<2\}$, $B=\{x|1<x<3\}$, 求 $A\cup B$, $A\cap B$.

5. 设 $A=\{x|x>-2\}$, $B=\{x|x\geqslant 3\}$, 求 $A\cup B$, $A\cap B$.

### B 组

1. 用符号"$\subseteq$"或"$\supseteq$"填空：
(1) $A$ _____ $A\cap B$；
(2) $\varnothing$ _____ $A\cap B$；
(3) $A\cap \varnothing$ _____ $A\cup \varnothing$；
(4) $A$ _____ $A\cup B$；
(5) $A\cup B$ _____ $A\cap B$；
(6) $A\cap \complement_U A$ _____ $A\cup \complement_U A$.

2. 已知集合 $M=\{y\mid y=x^2+1, x\in \mathbf{R}\}$，$N=\{y\mid y=-x^2+1, x\in \mathbf{R}\}$，则 $M\cap N$ =_____.

3. 若集合 $A$ 和 $B$ 各有 8 个元素，$A\cap B$ 有 4 个元素，则 $A\cup B$ 有_____个元素.

4. 给出下列推理：
① $a\in(A\cup B)\to a\in A$；② $a\in(A\cap B)\to a\in(A\cup B)$；③ $A\subseteq B\to A\cup B=B$；④ $A\cup B=A\to A\cap B=B$.

其中正确的推理的序号为_____.

5. 已知集合 $A=\{(x,y)\mid 3x-5y=-2\}$，$B=\{(x,y)\mid 2x+7y=40\}$，求 $A\cap B$.

6. 已知数集 $A=\{a^2, a+1, -3\}$ 与数集 $B=\{a-3, a-2, a^2+1\}$，若 $A\cap B=\{-3\}$，求 $A\cup B$.

## §1.4 充分必要条件

### A 组

1. 用符号"$\Rightarrow$"，"$\Leftarrow$"或"$\Leftrightarrow$"填空：
(1) "$x=3$"_____"$x^2-9=0$"；
(2) "$a$ 是有理数"_____"$a$ 是整数"；
(3) "$a$ 是整数"_____"$a$ 是实数"；
(4) "$a$ 是 6 的倍数"_____"$a$ 是 12 的倍数"；
(5) "$a$ 是实数"_____"$a+4$ 是实数"；
(6) "$\triangle ABC$ 为等边三角形"_____"$\triangle ABC$ 的每个内角都是 $60°$".

2. 指出下列各组命题中，$p$ 是 $q$ 的什么条件：
(1) $p: a>-1, q: a>-2$；

(2) $p: a=0, q: a>-1$；

(3) $p: |a| > |b|$, $q: a > b > 0$；

(4) $p$：整数 $a$ 能够被 2 整除，$q$：整数 $a$ 的末位数字为 2.

## B 组

1. 在下列各题中，$A$ 是 $B$ 的什么条件：

(1) $A: x^2 = 3x + 4$，$B: x = \sqrt{3x+4}$；

(2) $A: x - 3 = 0$，$B: (x-3)(x-4) = 0$；

(3) $A: b^2 - 4ac \geq 0 (a \neq 0)$，$B: ax^2 + bx + c = 0 (a \neq 0)$ 有实根；

(4) $A: x = 1$ 是 $ax^2 + bx + c = 0 (a \neq 0)$ 的一个根，$B: a + b + c = 0$；

(5) $A: a > b$，$B: ac^2 > bc^2$；

(6) $A: a > b$，$B: a + c > b + c$.

2. $a + b > 2c$ 的一个充分条件是 （　　）

A. $a > c$ 或 $b > c$　　B. $a > c$ 且 $b < c$　　C. $a > c$ 且 $b > c$　　D. $a > c$ 或 $b < c$

# 自测题一

## A卷

**一、填空题**

1. 用适当的符号("$\in$"或"$\notin$")填空：
   (1) 2 _____ $\{1,2,3\}$；
   (2) $-3$ _____ **R**；
   (3) 2.5 _____ **Z**；
   (4) 0 _____ **N**；
   (5) 2 _____ $\varnothing$；
   (6) 0 _____ $\{1\}$.

2. 如图，$I$ 为全集，集合 $M$、$N$ 满足 $M \cap N \neq \varnothing$，那么图中阴影部分用集合可表示为_____．

3. 若集合 $M=\{x\,|\,|x|\leqslant 2\}$，$N=\{x\,|\,x^2-3x=0\}$，则 $M \cap N=$ _____．

4. 若 $P=\{x\,|\,x\leqslant 5\}$，$Q=\{x\,|\,x>-1\}$，则 $P \cup Q=$ _____．

第2题图

5. 设 $I=\{$三角形$\}$，$A=\{$钝角三角形$\}$，则 $\complement_I A=$ _____．

6. 设 $U=\{1,2,3,4,5,6,7,8\}$，$A=\{3,4,5\}$，$B=\{4,7,8\}$，则 $(\complement_U A) \cap (\complement_U B)=$ _____，$(\complement_U A) \cup (\complement_U B)=$ _____．

**二、选择题**

7. 如果集合 $A=\{2,5,6,8\}$，$B=\{1,3,5,7\}$，那么 $A \cap B$ 等于 （　　）
   A. $\{5\}$　　B. $\{1,3,4,5,6,7,8\}$
   C. $\{2,8\}$　　D. $\{1,3,7\}$

8. 用列举法可以把集合 $\{x\,|\,x^2-3x-4=0\}$ 表示为 （　　）
   A. $-1$　　B. 4　　C. $-1,4$　　D. $\{-1,4\}$

9. 用列举法可以把集合 $\{x\,|\,-9\leqslant x<0$，且 $x$ 为偶数$\}$ 表示为 （　　）
   A. $\varnothing$　　B. $\{-8,-6,-4,-2\}$
   C. $\{-8,-6,-4,-2,0\}$　　D. $\{-6,-4,-2\}$

10. 集合 $\{a,b,c\}$ 的子集共有 （　　）
    A. 5个　　B. 6个　　C. 7个　　D. 8个

11. 设集合 $P=\{1,2,3,4\}$，$Q=\{x\,|\,x\leqslant 2\}$，则 $P \cap Q$ 为 （　　）
    A. $\{1,2\}$　　B. $\{3,4\}$　　C. $\{1\}$　　D. $\{-2,-1,0,1,2\}$

12. 给出下列写法：① $\{0\}\in\{0,1,2\}$；② $\varnothing\subseteq\{0\}$；③ $\{0,1,2\}\subseteq\{1,2,0\}$；④ $0\in\varnothing$；⑤ $0\cap\varnothing=\varnothing$．其中错误写法的个数为 （　　）
    A. 1　　B. 2　　C. 3　　D. 4

13. 若 $U=\{1,2,3,4\}$，$M=\{1,2\}$，$N=\{2,3\}$，则 $\complement_U(M\cup N)$ 为 （　　）

A. {1,2,3}　　　　B. {2}　　　　C. {1,3,4}　　　　D. {4}

14. 设全集 $U=\mathbf{R}$,集合 $A=\{x|x\geqslant -2\}$,集合 $B=\{x|x<3\}$,则 $(\complement_U A)\cap B$ 为 (　　)

A. $\{x|2\leqslant x\leqslant 3\}$　　B. $\{x|x\leqslant -2\}$　　C. $\{x|x<3\}$　　D. $\{x|x<-2\}$

15. 如果集合 $U=\{1,2,3,4,5,6,7,8\}$,$A=\{2,5,8\}$,$B=\{1,3,5,7\}$,那么 $(\complement_U A)\cap B$ 等于 (　　)

A. {5}　　　　　　　　　　　　　　B. {1,3,4,5,6,7,8}
C. {2,8}　　　　　　　　　　　　　D. {1,3,7}

### 三、解答题

16. 集合 $A=\left\{x\left|x=\dfrac{m}{n},m\in\mathbf{Z},|m|<3;n\in\mathbf{N}^*,n\leqslant 3\right.\right\}$,试用列举法将 $A$ 表示出来.

17. 已知 $A\subseteq B,A\subseteq C,B=\{1,2,3,4,5\},C=\{0,2,4,8\}$,求 $A$.

18. 设集合 $A=\{x,xy,x+y\}$,$B=\{0,|x|,y\}$,且 $A=B$,求实数 $x,y$ 的值.

19. 设 $A=\{-4,2a-1,a^2\}$,$B=\{a-5,1-a,9\}$,已知 $A\cap B=\{9\}$,求 $a$ 的值.

## B 卷

### 一、填空题

1. 用恰当的方法表示下列集合:
(1) 绝对值不大于 3 的整数集＿＿＿＿＿＿;
(2) 平面直角坐标系中的第二、四象限内的点集＿＿＿＿＿＿.

2. 用符号"$\in$"或"$\notin$"填空:
(1) $\pi$＿＿＿＿＿$\mathbf{Q}$;　　(2) 3.14＿＿＿＿＿$\mathbf{Q}$;　　(3) $x^2-1=0$ 的根＿＿＿＿＿$\mathbf{R}$;

(4) $\dfrac{1}{\pi}$ _____ **R**;　　(5) $\sqrt{5}$ _____ **Z**;　　(6) 0 _____ **N**.

3. 写出满足条件 $\{1,3\}\cup A=\{1,3,5\}$ 的集合 $A$ 的所有可能情况：_____.

4. 已知集合 $A=\{x|x^2-3x+2=0\}$，$B=\{x|x^2-ax+a-1=0\}$，若 $A\cup B=A$，则实数 $a$ 的值为_____.

5. 已知全集 $U=\{2,3,4,5,6\}$，集合 $A=\{2,5,6\}$，集合 $B=\{3,5\}$，则 $(\complement_U B)\cap A$ =_____.

6. 若集合 $A=\{x|kx^2+4x+4=0,x\in\mathbf{R}\}$ 中只有一个元素，则实数 $k$ 的值为_____.

7. 集合 $A=\{y|y=-x^2+4,x\in\mathbf{N},y\in\mathbf{N}\}$ 的真子集有_____个.

8. 若 $A=\{1,3,x\}$，$B=\{x^2,1\}$，且 $A\cup B=\{1,3,x\}$，则适合上述条件的实数 $x$ 的值有_____个.

9. 设 $A=\{x|x=4k+1,k\in\mathbf{Z}\}$，$B=\{x|x=4k-3,k\in\mathbf{Z}\}$，则集合 $A$ 与 $B$ 的关系为_____.

10. 若集合 $M=\{x|x^2+x-6=0\}$，$N=\{x|ax+2=0,a\in\mathbf{R}\}$，且 $N\subseteq M$，则 $a$ 的取值集合为_____.

二、选择题

11. 已知集合 $A=\{1,2,3,4\}$，$B=\{4,8,16\}$，则 $A\cup B$ 为　　　　　　　　　　　　(　)
   A. $\{1,2,3,4,4,8,16\}$　　　　　　B. $\{8,16\}$
   C. $\{1,2,3,4,8,16\}$　　　　　　　D. $\{4\}$

12. 已知集合 $A=\{1,2,3,4,6,12\}$，$C=\{1,2,3,6,9,18\}$，则 $A\cap C$ 为　　　　　(　)
   A. $\{1,2,3,4,6,9,12,18\}$　　　　B. $\{1,2,3,6\}$
   C. $\{1,3,6\}$　　　　　　　　　　D. $\{1,2,6\}$

13. 设集合 $M=\{0,1,-1\}$，$N=\{-1,1\}$，则　　　　　　　　　　　　　　　　(　)
   A. $M\subseteq N$　　B. $N\subseteq M$　　C. $M=N$　　D. $M\in N$

14. 由不大于 7 的正整数所组成的集合是　　　　　　　　　　　　　　　　　　(　)
   A. $\{1,2,3,5,7\}$　　　　　　　　B. $\{1,2,3,4,5,6,7\}$
   C. $\{2,3,5\}$　　　　　　　　　　D. $\{x|x\leqslant 7\}$

15. 由平面直角坐标系中坐标轴上的点所组成的集合是　　　　　　　　　　　　(　)
   A. $\{(x,y)|x=0\}$　　　　　　　　B. $\{(x,0),(0,y)\}$
   C. $\{(x,y)|x=0$ 且 $y=0\}$　　　　D. $\{(x,y)|x=0$ 或 $y=0\}$

16. 设 $P=\{x|x\leqslant 3\}$，$a=2\sqrt{2}$，则　　　　　　　　　　　　　　　　　　(　)
   A. $a\subseteq P$　　B. $a\notin P$　　C. $\{a\}\in P$　　D. $\{a\}\subseteq P$

17. 设 $M=\{1\}$，$S=\{1,2\}$，$P=\{1,2,3\}$，则 $(M\cup S)\cap P$ 是　　　　　　　(　)
   A. $\{1,2,3\}$　　B. $\{1,2\}$　　C. $\{1\}$　　D. $\{3\}$

18. 设全集 $U=\{1,2,3,4,5,6,7\}$，集合 $A=\{1,2,3,5\}$，$B=\{3,5\}$，则　　　　　(　)
   A. $U=A\cup B$　　B. $U=\complement_U A\cup B$　　C. $U=A\cup \complement_U B$　　D. $U=\complement_U A\cup \complement_U B$

19. "$m$ 是有理数"是"$m$ 是实数"的　　　　　　　　　　　　　　　　　　　　(　)

A. 充分但非必要条件  B. 必要但非充分条件
C. 充要条件  D. 既非充分也非必要条件

三、解答题

20. 设集合 $A=\{x\,|\,2x^2-px+q=0\}$,$B=\{x\,|\,6x^2+(p+2)x+5+q=0\}$,若 $A\cap B=\left\{\dfrac{1}{2}\right\}$,求 $A\cup B$.

21. 在开秋季运动会时,某班共有 28 名同学参加,其中有 15 人参加径赛,有 8 人参加田赛,有 14 人参加球类比赛,同时参加田赛和径赛的有 3 人,同时参加径赛和球类比赛的有 3 人,没有同时参加三项比赛的同学. 问同时参加田赛和球类比赛的有多少人?只参加径赛的同学有多少人?

# 第二章

# 不 等 式

【主要内容】

1. 不等式的基本性质：

(1) 若 $a>b, b>c$，则 $a$ _____ $c$；若 $a>b$，则 $a+c$ _____ $b+c$；若 $a>b, c>0$，则 $ac$ _____ $bc$；若 $a>b, c<0$，则 $ac$ _____ $bc$.

(2) 若 $a-b>0$，则 $a$ _____ $b$；若 $a-b<0$，则 $a$ _____ $b$；若 $a-b=0$，则 $a$ _____ $b$.

2. 不等式的解集可以用区间和集合两种形式来表示. 在下表中的数轴上表示出对应的集合.

| 不等式 | 集合 | 区间 | 图示 |
| --- | --- | --- | --- |
| $a<x<b$ | $\{x\mid a<x<b\}$ | $(a,b)$ | |
| $a\leqslant x\leqslant b$ | $\{x\mid a\leqslant x\leqslant b\}$ | $[a,b]$ | |
| $a<x\leqslant b$ | $\{x\mid a<x\leqslant b\}$ | $(a,b]$ | |
| $a\leqslant x<b$ | $\{x\mid a\leqslant x<b\}$ | $[a,b)$ | |
| $x>a$ | $\{x\mid x>a\}$ | $(a,+\infty)$ | |
| $x\geqslant a$ | $\{x\mid x\geqslant a\}$ | $[a,+\infty)$ | |
| $x<a$ | $\{x\mid x<a\}$ | $(-\infty,a)$ | |
| $x\leqslant a$ | $\{x\mid x\leqslant a\}$ | $(-\infty,a]$ | |
| $-\infty<x<+\infty$ | **R** | $(-\infty,+\infty)$ | |

3. 绝对值不等式.

在绝对值符号内含有未知数的不等式叫绝对值不等式. 绝对值不等式的解法:

(1) 最简绝对值不等式的解集:

| 不 等 式 | 解 集 | 数轴表示 |
| --- | --- | --- |
| $\|x\|>a(a>0)$ | $(-\infty,-a)\cup(a,+\infty)$ | |
| $\|x\|<a(a>0)$ | $(-a,a)$ | |

(2) 基本绝对值不等式:

$$|ax+b|<c(c>0) \Leftrightarrow -c<ax+b<c;$$
$$|ax+b|>c(c>0) \Leftrightarrow ax+b>c \text{ 或 } ax+b<-c.$$

4. 一元二次不等式.

含有一个未知数,并且未知数的最高次数是二次的整式不等式叫做一元二次不等式.

任何一个一元二次不等式都可以变形为以下两种基本类型:

$$ax^2+bx+c>0(a>0) \text{ 或 } ax^2+bx+c<0(a>0).$$

**注** 当二次项系数为负数时,只要将不等式两边同时乘以 $-1$,并且把不等号改变方向,就可以化为以上类型.

一元二次不等式的解法:

(1) 区间分析法.

若二次三项式 $ax^2+bx+c$ 容易因式分解,即化为

$$ax^2+bx+c=a(x-x_1)(x-x_2)(x_1<x_2),$$

则不等式 $ax^2+bx+c>0(a>0)$ 的解集为

$$(-\infty,x_1)\cup(x_2,+\infty),$$

即"小于小的或大于大的".

不等式 $ax^2+bx+c<0(a>0)$ 的解集为 $(x_1,x_2)$,即"介于两数之间".

(2) 图象法.

【学习要求】

1. 了解不等式的概念,理解不等式的基本性质.
2. 能用区间表示法表示数集.
3. 了解含绝对值不等式的解法,绝对值不等式求解的关键是去掉绝对值符号,化成具有一定形式的代数不等式.
4. 掌握一元二次不等式的解法,能正确地写出不等式的解集.

【典型例题分析】

**例 1** 已知 $x<0$,试比较 $2x$ 与 $3x$ 的大小.

**解法1** ∵ $x<0$,

∴ $x+2x<2x$,

∴ $3x<2x$,即 $2x>3x$.

**解法2** ∵ $2<3, x<0$,∴ $2x>3x$.

**解法3** 在数轴上分别表示 $2x$ 和 $3x$ 的点($x<0$),如图所示,$2x$ 位于 $3x$ 的右边,所以 $2x>3x$.

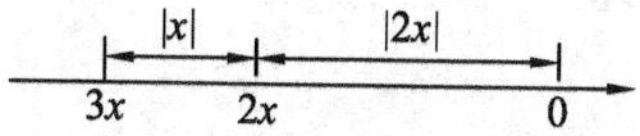

例1图

**解法4** ∵ $3x-2x=x, x<0$,

∴ $3x-2x<0$,

∴ $3x<2x$,即 $2x>3x$.

**解法5** ∵ $\dfrac{2x}{3x}=\dfrac{2}{3}<1$,即 $\dfrac{2x}{3x}<1$,

又 $x<0$,

∴ $3x<0$,

∴ $2x>3x$.

请同学们思考:已知 $x$ 为任意实数,试比较 $2x$ 与 $3x$ 的大小.

**例2** (1) 比较 $(a+1)^2$ 与 $a^2-a+1$ 的值的大小,其中 $a$ 为任意实数.

(2) 比较 $x^2+3$ 与 $3x$ 的值的大小,其中 $x$ 为任意实数.

**解** (1) 由 $(a+1)^2-(a^2-a+1)=3a$,得

当 $a>0$ 时,$(a+1)^2>a^2-a+1$;

当 $a=0$ 时,$(a+1)^2=a^2-a+1$;

当 $a<0$ 时,$(a+1)^2<a^2-a+1$.

(2) 由 $x^2+3-3x=\left(x-\dfrac{3}{2}\right)^2+\dfrac{3}{4}\geqslant\dfrac{3}{4}>0$,得 $x^2+3>3x$.

**注** 应用不等式的性质,采用"作差法"比较两数(式)的大小,主要步骤是作差——变形(化简,配方,因式分解)——判断——结论.对求差的结果是一个代数式的,要设法化为完全平方式与一个正数的和,然后判断其正负性,有时也可以化为几个因式的乘积,然后分别判断各因式的正负.

**例3** 解不等式组:

$$\begin{cases} 2x-1\geqslant 3, & (1) \\ -3x-1<3(x+1). & (2) \end{cases}$$

**分析** 这个不等式组包含两个不等式,它的解集中的元素,既要满足不等式(1),又要满足不等式(2),因此,求这个不等式组的解集,实际上就是不等式(1)和不等式(2)解集的交集.

**解** 解不等式(1)得 $x\geqslant 2$.

解不等式(2)得
$$-3x-1<3(x+1),$$
$$-3x-1<3x+3,$$
$$6x>-4,$$
$$x>-\frac{2}{3}.$$

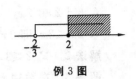

例 3 图

由图可知,原不等式组的解集是$[2,+\infty)$.

**例 4** 解不等式$|3-2x|\geqslant 5$.

**解** 原不等式即
$$|2x-3|\geqslant 5,$$
等价于
$$2x-3\leqslant -5 \text{ 或 } 2x-3\geqslant 5,$$
$$2x\leqslant -2 \text{ 或 } 2x\geqslant 8,$$
$$x\leqslant -1 \text{ 或 } x\geqslant 4.$$
因此原不等式的解集是$(-\infty,-1]\cup[4,+\infty)$.

**例 5** 解不等式$1<|x-2|\leqslant 3$.

**解** 原不等式等价于
$$\begin{cases} |x-2|>1, & (1) \\ |x-2|\leqslant 3. & (2) \end{cases}$$

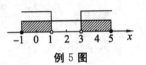

例 5 图

由不等式(1)得$x>3$或$x<1$,由不等式(2)得$-1\leqslant x\leqslant 5$.
由右图可知,原不等式的解集为$[-1,1)\cup(3,5]$.

**例 6** 解不等式$x^2-x-12<0$.

**解** 原不等式可化为
$$(x+3)(x-4)<0,$$
$$-3<x<4,$$
所以原不等式的解集为$(-3,4)$.

**例 7** 解不等式$9-x^2<0$.

**解** 原不等式可化为
$$x^2-9>0,$$
$$(x-3)(x+3)>0,$$
$$x<-3 \text{ 或 } x>3,$$
所以原不等式的解集为$(-\infty,-3)\cup(3,+\infty)$.

**例 8** 解不等式$x^2-2x+3>0$.

**解** 原不等式可化为
$$(x-1)^2+2>0.$$
上式对$x\in \mathbf{R}$恒成立,所以原不等式的解集为 **R**.

**注** 当不等式不容易因式分解时,往往要考虑配方等方法,通过观察求解.原不等式若改为$(x-1)^2+2<0$,则解集为空集.除此以外,也可以根据对应二次函数的图象进行求解.

**例 9** 若$ax^2+bx-1<0$的解集为$\{x|-1<x<2\}$,则$a=$_____,$b=$_____.

**分析** 根据一元二次不等式解的公式可知,$-1$和$2$是方程$ax^2+bx-1=0$的两个根,考虑韦达定理.

**解** 根据题意，$-1$ 和 $2$ 是方程 $ax^2+bx-1=0$ 的两个根，则由韦达定理知

$\begin{cases} -\dfrac{b}{a}=(-1)+2=1, \\ -\dfrac{1}{a}=(-1)\times 2=-2, \end{cases}$ 解得 $a=\dfrac{1}{2}, b=-\dfrac{1}{2}$.

【课外习题】

## §2.1 不等式的性质

### A组

1. 填空：

   (1) 不等式两边都加上（或减去）_____，不等号的方向不变；

   (2) 不等式两边都乘以（或除以）_____，不等号的方向不变；

   (3) 不等式两边都乘以（或除以）_____，不等号的方向改变；

   (4) 若 $a<b$，则 $a+c$ _____ $b+c$，$a-c$ _____ $b-c$；

   (5) 若 $a<b$，且 $c>0$，则 $ac$ _____ $bc$，$\dfrac{a}{c}$ _____ $\dfrac{b}{c}$；

   (6) 若 $a<b$，且 $c<0$，则 $ac$ _____ $bc$，$\dfrac{a}{c}$ _____ $\dfrac{b}{c}$.

2. 按下列条件，写出仍能成立的不等式：

   (1) $-5<-2$，两边都加上 $(-3)$ 得_____；

   (2) $0<5$，两边都乘以 $(-3)$ 得_____；

   (3) $9<12$，两边都除以 $(-3)$ 得_____；

   (4) $a>b$，两边都乘以 $(-8)$ 得_____.

3. 已知 $8x+1<-2x$，则下列各式中正确的是 （　　）

   A. $10x+1>0$　　B. $10x+1<0$　　C. $8x-1>2x$　　D. $10x>-1$

4. 若 $-a>-2a$，则 $a$ 的取值范围是 （　　）

   A. $(0,+\infty)$　　B. $(-\infty,0)$　　C. $(-\infty,0]$　　D. $[0,+\infty)$

5. 若 $m+2>n+2$，则下列各不等式不能成立的是 （　　）

   A. $m+3>n+2$　　B. $-\dfrac{1}{2}m<-\dfrac{1}{2}n$　　C. $\dfrac{2}{3}m>\dfrac{2}{3}n$　　D. $-\dfrac{8}{7}m>-\dfrac{8}{7}n$

6. 比较下列各对数与式的大小：

   (1) $\dfrac{3}{8}$ 和 $\dfrac{2}{7}$；　　　　　　　　　　　　(2) $-\dfrac{5}{6}$ 和 $-\dfrac{6}{7}$；

   (3) $(a-1)^2$ 和 $a^2-2a$；　　　　　　　(4) $(x-4)(x-2)$ 和 $(x-3)^2$.

## B组

1. 判断下列不等式是否成立(正确的在对应括号内打"√",错误的打"×"):

   (1) 若 $ac>bc$,则 $a>b$;  ( )

   (2) 若 $a<b$,则 $ac<bc$;  ( )

   (3) 若 $ac^2>bc^2$,则 $a>b$;  ( )

   (4) 若 $a>b$,则 $ac^2>bc^2$;  ( )

   (5) 若 $a>b$,则 $a(c^2+1)>b(c^2+1)$.  ( )

2. 已知实数 $a,b,c$ 在数轴上对应的点如图所示,则下列关系中,正确的是  ( )

   A. $ab>bc$   B. $ac>ab$   C. $ab<bc$   D. $c+b>a+b$

   第2题图

3. 小明和爸爸、妈妈三人玩跷跷板,三人的体重一共为150 kg,爸爸坐在跷跷板的一端,体重只有妈妈一半的小明和妈妈一同坐在跷跷板的另一端,这时,爸爸的那一端仍然着地,请你猜猜小明的体重应在什么范围内?

4. 判断 $a^2-3a+7$ 与 $-3a+2$ 的大小.

## §2.2 数集的区间表示

### A组

1. 已知集合 $A=[1,3)$,集合 $B=(2,5]$,则 $A\cap B$ 为  ( )

   A. $[1,5]$   B. $(2,3)$   C. $[2,3]$   D. $(3,5)$

2. 用区间表示下列不等式,并在数轴上表示这些区间:

   (1) $-1\leqslant x\leqslant 3$;   (2) $0<x<3$;   (3) $1<x\leqslant 3$;

   (4) $x<2$;   (5) $x\geqslant -3$.

3. 用集合描述法表示下列区间：
(1) $[-2,3]=\{x|\underline{\qquad}\}$；
(2) $(-3,4]=\{x|\underline{\qquad}\}$；
(3) $(-\infty,-2]=\{x|\underline{\qquad}\}$；
(4) $(2,+\infty)=\{x|\underline{\qquad}\}$.

4. 已知集合 $A=[-2,5]$, $B=(-5,0]$, 求：
(1) $A\cup B$；
(2) $A\cap B$.

并分别在数轴上表示集合 $A, B, A\cup B, A\cap B$.

## B 组

1. 集合 $\{x|x<-3$ 或 $6\leqslant x<9\}$ 可以用区间表示为 _____.

2. 已知 $x\in(-\infty,2)$, 试确定下列各代数式值的范围（表示成区间形式）：
(1) $x+2$ 的取值范围是 _____；
(2) $x-2$ 的取值范围是 _____；
(3) $2-x$ 的取值范围是 _____；
(4) $x+3$ 的取值范围是 _____.

3. 已知集合 $A=(-\infty,2]$, $B=(-2,+\infty)$, 求：
(1) $A\cup B$；
(2) $A\cap B$.

## §2.3 几类不等式的解法

### A 组

1. 写出下列不等式的解集：
(1) $3x+1\leqslant x+7$ _____；
(2) $-\dfrac{1}{4}x<-2$ _____；
(3) $-3x\geqslant 9$ _____；
(4) $-1<2x+3<5$ _____；
(5) $|-x|<6$ _____；
(6) $x^2>4$ _____.

2. 求下列不等式组的解集：
(1) $\begin{cases}2x+3\leqslant 5,\\ x+1>9;\end{cases}$
(2) $\begin{cases}-x-12\leqslant 0,\\ x+5<0;\end{cases}$
(3) $\begin{cases}-3x-2<4,\\ 2x+1\geqslant 3(x-1).\end{cases}$

3. 解下列不等式：

(1) $|-x| \geqslant 2$；

(2) $|x-1| \leqslant 5$；

(3) $|2x-5| < 5$；

(4) $\frac{1}{2}|x+1| < 1$.

4. 求下列不等式的解集：

(1) $(x-1)(x+2) < 0$；　(2) $(x+2)(x-3) \geqslant 0$；　(3) $-x^2+x+6 \geqslant 0$；

(4) $\frac{1}{2}x^2-4x+6 \geqslant 0$；　(5) $x^2-4 > 0$；　(6) $x^2-6x+9 < 0$；

(7) $x^2+4x+5 > 0$.

5. 已知集合 $A=\{x \mid x^2-4 > 0\}$，集合 $B=\{x \mid x^2-2x-3 > 0\}$，求 $A \cup B$，$A \cap B$.

## B 组

1. 已知集合 $M=\{x \mid x^2 < 4\}$，$N=\{x \mid x^2-2x-3 < 0\}$，则集合 $M \cap N$ 为　　　　( )

　A. $\{x \mid x < -2\}$　　　　　　　B. $\{x \mid x > 3\}$

　C. $\{x \mid -1 < x < 2\}$　　　　　D. $\{x \mid 2 < x < 3\}$

2. 已知集合 $A=\{x \mid |x-1| < 2\}$，$B=\{x \mid |x-1| > 1\}$，则集合 $A \cap B$ 为　　　　( )

　A. $\{x \mid -1 < x < 3\}$　　　　　B. $\{x \mid x < 0 \text{ 或 } x > 3\}$

　C. $\{x \mid -1 < x < 0\}$　　　　　D. $\{x \mid -1 < x < 0 \text{ 或 } 2 < x < 3\}$

3. 不等式 $x^2-|x|-2<0(x\in \mathbf{R})$ 的解集是 ( )

A. $\{x|-2<x<2\}$  B. $\{x|x<-2\ 或\ x>2\}$

C. $\{x|-1<x<1\}$  D. $\{x|x<-1\ 或\ x>1\}$

4. 不等式 $1<|x+2|<5$ 的解集是 ( )

A. $(-1,3)$  B. $(-3,1)\cup(3,7)$

C. $(-7,-3)$  D. $(-7,-3)\cup(-1,3)$

5. 已知集合 $M=\{x||x|\leqslant 2, x\in\mathbf{R}\}$, $N=\{x|x\in\mathbf{N}\}$, 那么 $M\cap N=$ _____.

6. 不等式 $|x^2-3x|>4$ 的解集是 _____.

7. 求函数 $y=\dfrac{1}{\sqrt{3-2x-x^2}}$ 的定义域.

8. 已知不等式 $x^2+px+q<0$ 的解集为 $\left\{x\left|-\dfrac{1}{2}<x<\dfrac{1}{3}\right.\right\}$, 求不等式 $qx^2+px+1>0$ 的解集.

9. 解关于 $x$ 的不等式 $-x^2+5ax>6a^2$.

# 自 测 题 二

## A 卷

一、填空题

1. 设 $a>b$, 用 ">" 或 "<" 填空:

(1) $a+3$ _____ $b+3$; (2) $a-5$ _____ $b-5$; (3) $\dfrac{a}{5}$ _____ $\dfrac{b}{5}$;

(4) $-\dfrac{a}{7}$ _____ $-\dfrac{b}{7}$; (5) $3-a$ _____ $3-b$; (6) $-18-a$ _____ $-18-b$.

2. 若 $a<b, c\neq 0$, 则 $ac^2$ _____ $bc^2$.

3. 若 $-\dfrac{x}{3}>-2$，则 $x$ _____ 6.

4. 用集合描述法表示下列区间：

(1) $[-4,0]=\{x|\underline{\hspace{2cm}}\}$； (2) $(-8,7]=\{x|\underline{\hspace{2cm}}\}$；

(3) $(-\infty,2]=\{x|\underline{\hspace{2cm}}\}$； (4) $(1,+\infty)=\{x|\underline{\hspace{2cm}}\}$.

5. 用区间表示下列集合：

(1) $\{x|-2\leqslant x<0\}=\underline{\hspace{2cm}}$； (2) $\{x|6\leqslant x<9\}=\underline{\hspace{2cm}}$；

(3) $\{x|x>-3\}=\underline{\hspace{2cm}}$； (4) $\{x|x\leqslant 1\}=\underline{\hspace{2cm}}$.

6. 不等式 $-3x>9$ 的解集为 _____.

7. 不等式 $x^2-x-6<0$ 的解集为 _____.

8. 不等式 $|x|<3$ 的解集为 _____.

二、选择题

9. 已知 $a<b$，则下列四个不等式中不正确的是 （　　）

A. $4a<4b$　　　B. $-4a<-4b$　　　C. $a+4<b+4$　　　D. $a-4<b-4$

10. 由 $x<y$ 得 $ax>ay$ 的条件是 （　　）

A. $a>0$　　　B. $a<0$　　　C. $a=0$　　　D. 无法确定

11. 不等式 $|x|>2$ 的解集是 （　　）

A. $\{x|-2<x<2\}$　　B. $\{x|x>2\}$　　C. $\{x|x>\pm 2\}$　　D. $\{x|x<-2 \text{ 或 } x>2\}$

12. 已知一次函数 $y=(a-1)x+b$ 的图象如图所示，那么 $a$ 的取值范围是 （　　）

A. $(1,+\infty)$　　　B. $(-\infty,1)$

C. $(0,+\infty)$　　　D. $(-\infty,0)$

第 12 题图

13. 不等式 $2x\leqslant -1$ 的解集是 （　　）

A. $\left(-\infty,\dfrac{1}{2}\right]$　　B. $\left(-\infty,\dfrac{1}{2}\right)$　　C. $\left(-\infty,-\dfrac{1}{2}\right)$　　D. $\left(-\infty,-\dfrac{1}{2}\right]$

14. 不等式 $x(x+1)\leqslant 0$ 的解集为 （　　）

A. $[-1,0]$　　　B. $[-1,+\infty)$

C. $(-\infty,-1]$　　　D. $(-\infty,-1]\cup(0,+\infty)$

15. 设集合 $P=\{1,2,3,4\}$，$Q=\{x||x|\leqslant 2, x\in\mathbf{R}\}$，则集合 $P\cap Q$ 等于 （　　）

A. $\{1,2\}$　　　B. $\{3,4\}$　　　C. $\{1\}$　　　D. $\{-2,-1,0,1,2\}$

16. 下列一元二次不等式中，解集为 $\varnothing$ 的是 （　　）

A. $(x-3)(1-x)<0$　　　B. $x^2-2x+3<0$

C. $(x+4)(x-1)<0$　　　D. $2x^2-3x-2>0$

三、解答题

17. 已知 $x>0$，且 $x$ 为实数，比较 $3x$ 与 $4x$ 的大小．

18. 求下列不等式或不等式组的解集(结果写成区间或集合形式)：

(1) $2(x+1)+\dfrac{x-2}{3}<\dfrac{7x}{2}-1$；

(2) $\begin{cases} 6+3x<7+2x, \\ 11+3x\geqslant 10+2x; \end{cases}$

(3) $|2x-3|<5$；

(4) $|2x+3|\geqslant 1$；

(5) $x^2-x-12\leqslant 0$；

(6) $-x^2+5x>6$.

19. 用一根长为 100 m 的绳子能围成一个面积大于 600 m² 的矩形吗？当长、宽分别为多少米时，所围成的矩形的面积最大？

20. 比较 3 和 $-x^2+2x$ 的大小.

B 卷

一、填空题

1. 不等式 $2(3x-1)-3(4x+5)>x-4(x-7)$ 的解集为_____.

2. 不等式组 $\begin{cases} \dfrac{x}{2}\leqslant \dfrac{x+1}{5}, \\ \dfrac{2x-1}{5}\leqslant \dfrac{x+1}{2} \end{cases}$ 的解集为_____.

3. 不等式 $|x|\geqslant -3$ 的解集为_____.

4. 不等式 $|5x-2|\geqslant 1$ 的解用区间表示为_____.

5. 不等式 $|1-2x|<3$ 的解集为_____.

6. 不等式 $2x^2-x-3\geqslant 0$ 的解集为_____.

7. 不等式 $4x^2-4x+1>0$ 的解集为 _____.

8. 不等式 $x^2+4x+5>0$ 的解集为 _____.

二、选择题

9. 不等式组 $\begin{cases} 3+x<4+2x, \\ 5x-3<4x-1, \\ 7+2x>6+3x \end{cases}$ 的解集为 ( )

   A. $(-\infty,-1)$   B. $[-1,1]$   C. $(-1,1)$   D. $(1,+\infty)$

10. 不等式 $|-2x|>1$ 的解集为 ( )

    A. $\left(-\infty,-\dfrac{1}{2}\right) \cup \left(\dfrac{1}{2},+\infty\right)$   B. $\left(-\dfrac{1}{2},\dfrac{1}{2}\right)$

    C. $\varnothing$   D. 全体实数

11. 不等式 $|x-1|<3$ 的整数解集为 ( )

    A. $(-2,4)$   B. $\{-2,-1,0,1,2,3,4\}$

    C. $[-1,3]$   D. $\{-1,0,1,2,3\}$

12. 不等式 $-2x^2-5x+3<0$ 的解集为 ( )

    A. 全体实数   B. $\varnothing$

    C. $\left(-3,\dfrac{1}{2}\right)$   D. $(-\infty,-3) \cup \left(\dfrac{1}{2},+\infty\right)$

13. 不等式 $\sqrt{2x-3} \geqslant \dfrac{1}{2}$ 的解集为 ( )

    A. $\varnothing$   B. 全体实数

    C. $\left(-\infty,\dfrac{13}{8}\right) \cup \left(\dfrac{13}{8},+\infty\right)$   D. $\left[\dfrac{13}{8},+\infty\right)$

14. 如果以 $x$ 为未知数的方程 $x^2+2(m-1)x+3m^2=11$ 有两个不相等的实数根，那么 $m$ 的取值范围是 ( )

    A. $[-3,2]$   B. $\varnothing$   C. $(-3,2)$   D. $(2,+\infty)$

15. 如果以 $x,y$ 为未知数的方程组 $\begin{cases} x^2+y^2=16, \\ x-y=k \end{cases}$ 有实数解，那么 $k$ 的取值范围是 ( )

    A. $\varnothing$   B. 任何实数

    C. $[-4\sqrt{2},4\sqrt{2}]$   D. $(-4\sqrt{2},4\sqrt{2})$

16. 如果方程 $ax^2+bx+c=0$ 中 $a<0$，$\Delta>0$，两根为 $x_1,x_2$ 且 $x_1<x_2$，那么不等式 $ax^2+bx+c<0$ 的解集为 ( )

    A. 全体实数   B. $\{x|x<x_1 \text{ 或 } x>x_2\}$

    C. $\{x|x_1<x<x_2\}$   D. $\varnothing$

三、解答题

17. 作出函数 $y=x^2-5x+6$ 的图象，根据图象求满足下列各式的未知数 $x$ 的值的集合：

(1) $x^2-5x+6=0$;      (2) $x^2-5x+6>0$;      (3) $x^2-5x+6<0$.

18. 解下列不等式：
(1) $|x^2-3x-1|>3$;      (2) $1<|3x+4|\leqslant 6$.

19. 已知不等式 $|x-a|<b(b>0)$ 的解集是 $\{x|-3<x<9\}$，求 $a$ 和 $b$.

20. $m$ 是什么实数时，方程 $mx^2-(1-m)x+m=0$ 没有实数根？

21. 如果工厂总成本为 $y_c=3000+20x-0.1x^2$，其中 $x$ 表示产量，产品售价为 25 元，求工厂不亏本的最低产量.

# 第三章 函数

【主要内容】

1. 如果对于集合 $D$ 中的任何一个数 $x$，通过对应法则 $f$，在数集 $M$ 中有_____ $y$ 与之对应，则称 $y$ 是 $x$ 的函数，记作_____.

2. 定义域和对应法则是函数定义的两要素，只有定义域和对应法则都相同函数才是相同函数，否则就不是相同函数.

3. 函数的表示方法有_____，_____，_____.

4. 在学习分段函数时要注意理解以下几个方面：

(1) 分段函数在形式上尽管有几个表达式，但是它仍然表示一个函数，不能理解成几个函数的合并；

(2) 分段函数的图象一般由多于一段的线段或曲线以及点组成，同样也把它看成一个整体，而不是几个图象；

(3) 在求分段函数的函数值时，要注意将不同范围的自变量代入不同的解析式.

5. 使函数表达式有意义的_____称为函数的定义域.

6. 求函数的定义域要与解不等式(组)相联系，最后结果写成集合或者区间的形式.

7. 判断函数的单调性和奇偶性一般利用函数的图象和定义：

(1) 增函数的图象是从左向右逐渐_____，减函数的图象从左向右逐渐_____；

(2) 奇函数的图象关于_____成中心对称图形，偶函数的图象关于_____成轴对称图形.

8. 一次函数 $y=kx+b$ 的图象是过 $(0,\ \_\_\_\_)$ 和 $(\_\_\_\_,0)$ 的一条直线. 当 $k>0$ 时，函数在定义域内是_____函数；当 $k<0$ 时，函数在定义域内是_____函数.

9. 反比例函数 $y=\dfrac{k}{x}(k\neq 0)$ 的图象是_____. 当_____时，双曲线分布在第一、三象限；当_____时，双曲线分布在第二、四象限.

10. 要记住二次函数的性质，能够画出它的大致图象.

画二次函数 $y=ax^2+bx+c(a\neq 0)$ 图象的一般步骤：

(1) 利用顶点坐标公式求得顶点坐标；

(2) 利用抛物线的对称性列表；

(3) 先画对称轴，再对称描点连线.

实际上,我们解题时只需画抛物线的草图,画抛物线草图一般要体现以下三个要素:开口方向、顶点坐标、与坐标轴的交点.

11. 二次函数 $y=ax^2+bx+c(a\neq 0)$ 的图象是一条_____.当 $a>0$ 时,抛物线开口_____;当 $a<0$ 时,抛物线开口_____.抛物线的对称轴方程为_____,顶点坐标为_____.

12. 函数的简单应用一般分为两类:

(1) 数量关系有常规的公式.例如,在商品的销售中,销售总额＝单价×销售量;在路程问题中,路程＝速度×时间.

(2) 数量关系没有常规的公式.必须首先弄清问题的意思,分析问题涉及哪些数量,并弄清这些数量之间的关系,建立起函数关系式,解决已转化成的函数问题.

【学习要求】

1. 理解函数的概念,掌握构成函数的三要素,掌握定义域的求法.
2. 掌握函数的三种表示方法,理解分段函数的概念.
3. 理解函数的单调性,会根据图象和定义判断函数的增减性.
4. 理解函数的奇偶性,掌握奇函数和偶函数的图象特征,会根据图象和定义判断函数的奇偶性.
5. 掌握一次函数、反比例函数以及二次函数的图象与性质;培养学生画图和看图以及用数形结合的思想观察、分析和解决问题的能力.
6. 会画简单函数的图象,能建立简单实际函数问题的函数关系式.

【典型例题分析】

1. 求函数的定义域.

我们讨论的定义域是指使函数解析式有意义的情况,一般有以下几种情况:

(1) 整式函数的定义域是 **R**;
(2) 分式函数的分母不为零;
(3) 根式函数中,偶次根式的被开方数不能为负;
(4) 对数式中,真数必须大于零(对数函数中遇到);
(5) 指数、对数和底必须大于零且不等于 1.

对于实际问题所建立的函数的定义域,还应注意其实际意义.

**例 1** 求下列函数的定义域:

(1) $y=\dfrac{x-4}{\sqrt{x^2-3x+2}}$; (2) $y=\sqrt{x-1}+\sqrt{5-x}$.

**解** (1) $\because \sqrt{x^2-3x+2}$ 在分母上,且为被平方数,$\therefore x^2-3x+2>0$.解一元二次不等式得 $x>2$ 或 $x<1$,因此所求函数的定义域为 $(-\infty,1)\cup(2,+\infty)$.

(2) $\because \sqrt{x-1}$ 和 $\sqrt{5-x}$ 为平方根,要使函数有意义,必须满足 $\begin{cases} x-1\geq 0, \\ 5-x\geq 0, \end{cases}$

即 $1 \leqslant x \leqslant 5$,因此所求函数的定义域为 $[1,5]$.

2. 函数的单调性和奇偶性.

在这里我们要求大家利用图象或定义来判断函数的单调性和奇偶性.

**例2** 如图所示是定义在闭区间 $[-5,5]$ 上的函数 $y=f(x)$ 的图象,根据图象说出 $y=f(x)$ 的单调区间,以及在每一单调区间上,函数 $y=f(x)$ 是增函数还是减函数.

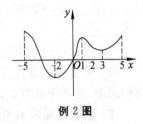

例2图

**解** 函数 $y=f(x)$ 的单调区间有 $[-5,-2)$,$[-2,1)$,$[1,3)$,$[3,5]$,其中 $y=f(x)$ 在区间 $[-5,-2)$,$[1,3)$ 上是减函数,在区间 $[-2,1)$,$[3,5]$ 上是增函数.

**例3** 证明函数 $f(x)=3x+2$ 在 $(-\infty,+\infty)$ 上是增函数.

**证明** 设 $x_1,x_2 \in (-\infty,+\infty)$ 且 $x_1<x_2$,则

$f(x_1)-f(x_2)=(3x_1+2)-(3x_2+2)=3(x_1-x_2)$.

因为 $x_1<x_2$,所以 $x_1-x_2<0$,

故 $f(x_1)-f(x_2)<0$,$f(x_1)<f(x_2)$,

即函数 $f(x)=3x+2$ 在 $(-\infty,+\infty)$ 上是增函数.

用定义证明函数的单调性的具体步骤:

(1) 任设 $x_1,x_2 \in [a,b]$ 且 $x_1<x_2$;

(2) 作差 $f(x_1)-f(x_2)$ 并变形,判断差的符号;

(3) 给出结论.

**例4** 根据图象判断下列函数的奇偶性:

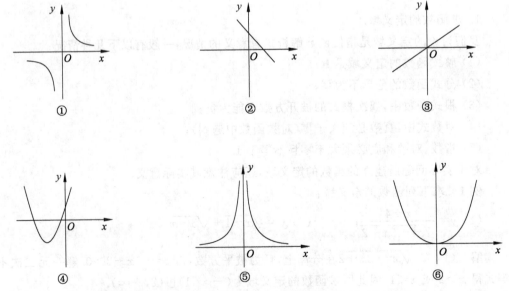

**解** 因为奇函数的图象关于原点对称,偶函数的图象关于 $y$ 轴对称.

所以,①③是奇函数,⑤⑥是偶函数.

**例5** 证明函数 $f(x)=\dfrac{x^2+1}{|x|}$ 在定义域上是偶函数.

**证明** 函数的定义域为 $(-\infty,0)\cup(0,+\infty)$，其定义域关于原点对称.

$\because f(-x)=\dfrac{(-x)^2+1}{|-x|}=\dfrac{x^2+1}{|x|}=f(x)$,

$\therefore f(x)=\dfrac{x^2+1}{|x|}$ 在 $(-\infty,0)\cup(0,+\infty)$ 上是偶函数.

在判断函数奇偶性时，要注意由概念可得到的几个事实：(1) 函数是奇（或偶）函数的必要条件之一是其定义域关于原点对称；(2) 奇函数满足 $f(-x)=-f(x)$，偶函数满足 $f(-x)=f(x)$；(3) 既是奇函数又是偶函数的函数，其解析式必为 $f(x)=0$；(4) $f(x)$ 是奇函数，且 $f(0)$ 有定义，则 $f(0)=0$.

3. 分段函数求值.

**例6** 已知 $f(x)=\begin{cases}\dfrac{1}{x-1}, & x<0,\\ x, & 0\leqslant x<1,\\ 2, & x\geqslant 1,\end{cases}$ 求 $f(-1),f(0),f(a^2+2)$.

**解** $f(-1)=\dfrac{1}{-1-1}=-\dfrac{1}{2}$, $f(0)=0$.

$\because a^2+2\geqslant 2$, $\therefore f(a^2+2)=2$.

4. 求函数的解析式.

**例7** 已知抛物线 $y=ax^2+bx+c$ 的顶点为 $(1,-4)$，且抛物线在 $x$ 轴上截得的线段长为4，求抛物线的解析式.

**分析** 由于抛物线是轴对称图形，因此抛物线在 $x$ 轴上截得的线段被抛物线的对称轴垂直平分，从而可求得抛物线与 $x$ 轴的两个交点坐标.

**解** $\because$ 抛物线的顶点为 $(1,-4)$, $\therefore$ 可设抛物线的解析式为 $y=a(x-1)^2-4$,

$\therefore$ 抛物线的对称轴为直线 $x=1$.

又 $\because$ 抛物线在 $x$ 轴上截得的线段长为4,

$\therefore$ 抛物线与 $x$ 轴的交点为 $(-1,0),(3,0)$,

$\therefore 0=4a-4$, $\therefore a=1$,

$\therefore$ 抛物线的解析式为 $y=(x-1)^2-4$, 即 $y=x^2-2x-3$.

**例8** 已知函数 $f(x+1)=x^2+2x-3$，求 $f(x)$ 的解析式.

**解** 方法1（换元法） 设 $x+1=t$，则 $x=t-1$，所以 $f(t)=(t-1)^2+2(t-1)-3=t^2-4$，所以 $f(x)=x^2-4$.

方法2（构造法） $f(x+1)=x^2+2x-3=(x^2+2x+1)-4=(x+1)^2-4$，所以 $f(x)=x^2-4$.

5. 函数的应用.

**例9** 某西瓜摊卖西瓜，6 kg 以下每千克4角，6 kg 及以上每千克6角. 请表示出西瓜重量 $x(\text{kg})$ 与售价 $y(\text{元})$ 的函数关系.

**解** 这个函数的解析表示应分两种情况：当 $0<x<6$ 时，$y=0.4x$；当 $x\geq 6$ 时，$y=0.6x$. 所以这个函数的解析式为

$$y=\begin{cases}0.4x, & 0<x<6,\\ 0.6x, & x\geq 6.\end{cases}$$

函数的图象如下图所示.

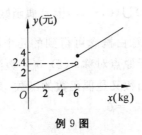

例9 图

**例 10** 某商店如果将进货单价为 8 元的商品按每件 10 元售出，每天可销售 200 件，现在提高售价以赚取更多利润. 已知该商品单价每涨价 0.5 元，该商店的销售量会减少 10 件，问将售价定为多少时，才能使每天的利润最大？最大利润为多少？

**解** 设每件售价定为 $x$ 元，则比原价提高了 $(x-10)$ 元，于是销售量减少了 $\dfrac{x-10}{0.5}\times 10=20\times(x-10)$ 件，即每天销售件数为 $200-20(x-10)=400-20x$ (件).

所以每天所获利润为

$y=(400-20x)(x-8)=-20x^2+560x-3200=-20(x-14)^2+720$，

故当 $x=14$ 时，有 $y_{\max}=720$.

所以售价定为每件 14 元时，可获最大利润，其最大利润为 720 元.

【课外习题】

## §3.1 函数的概念

### A 组

一、填空题

1. 设 $D,M$ 是非空数集，如果按照某个确定的_____，使集合 $D$ 中_____一个 $x$，在集合 $M$ 中都有_____的数 $y$ 和它对应，那么就称 $y$ 为定义在数集 $D$ 上的函数，记作_____.

2. 函数的三要素是_____、_____、_____.

3. $f(a)$ 的含义是当 $x=$ _____时的_____.

4. 已知 $f(x)=-2x^2+3x-1$，则 $f(-3)=$ _____，$f(0)=$ _____.

5. 已知 $f(x)=3x^2+5$，则 $f(a)=$ _____，$f(a+1)=$ _____，$f(a)+1=$ _____.

6. 函数的表示法有_____、_____、_____.

7. 若 $f(x)=\begin{cases} x, & x\geq 0, \\ -x, & x<0, \end{cases}$ 则 $f(1)=$ _____ , $f(-1)=$ _____ .

二、选择题

8. 下列说法中不正确的是 （　　）
A. 函数定义域中的每一个数都有值域中唯一确定的一个数与之对应
B. 函数的定义域和值域一定是无限集合
C. 定义域和对应关系确定后，函数的值域也就确定了
D. 若函数的定义域只有一个元素，则值域也只有一个元素

9. 对于函数 $y=f(x)$，以下说法中正确的个数为 （　　）
① $y$ 是 $x$ 的函数；
② 对于不同的 $x$，$y$ 的值也不同；
③ $f(a)$ 表示当 $x=a$ 时函数 $f(x)$ 的值，是一个常量；
④ $f(x)$ 一定可以用一个具体的式子表示出来.
A. 1　　　　B. 2　　　　C. 3　　　　D. 4

10. 给出下列说法：
① $y=f(x)$ 与 $y=f(t)$ 是同一个函数；
② $y=f(x)$ 与 $y=f(x+1)$ 不可能是同一个函数；
③ $f(x)=x^0$ 与 $g(x)=1$ 是同一个函数；
④ 定义域和值域相同的函数是同一个函数.
其中正确说法的个数为 （　　）
A. 1　　　　B. 2　　　　C. 3　　　　D. 4

11. 图中可表示函数图象的是 （　　）

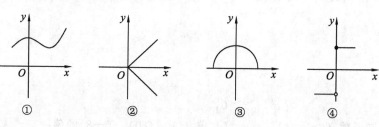

① ② ③ ④

A. 只有①　　B. ②③④　　C. ①③④　　D. ②

12. 若函数 $f(x)=1-\dfrac{1}{x-1}$，则 $f(-1)$ 的值为 （　　）
A. 1　　　　B. $-1$　　　　C. $-\dfrac{3}{2}$　　　　D. $\dfrac{3}{2}$

13. 某装满水的水池按一定的速度放掉水池的一半水后，停止放水并立即按一定的速度注水，水池注满后，停止注水，又立即按一定的速度放完水池的水.若水池的存水量为 $V(\text{m}^3)$，放水或注水的时间为 $t(\min)$，则 $V$ 与 $t$ 的关系的大致图象是 （　　）

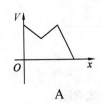 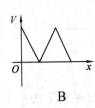 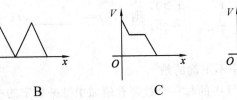

A　　　　　　　　B　　　　　　　　C　　　　　　　　D

### 三、解答题

14. 求下列函数的定义域：

(1) $f(x)=\dfrac{1}{-4x-5}$；

(2) $f(x)=\sqrt{2x+7}$；

(3) $f(x)=\sqrt{x^2+2x-3}$；

(4) $f(x)=\dfrac{1}{x-6}+\sqrt{x-4}$；

(5) $f(x)=\sqrt{x+2}+\sqrt{4-x}$；

(6) $f(x)=(x-1)^0+\sqrt{x+1}$．

15. 已知函数 $f(x)=\begin{cases} x^2, & x>0, \\ 1, & x=0, \\ 0, & x<0, \end{cases}$ 求 $f(1),f(0),f(-3)$ 的值．

16. 某市出租车的收费标准为：起步价是行使 3 km 以内（包括 3 km）付车费 7 元，以后每行使 1 km 加收 2.4 元（不足 1 km 按 1 km 计算），试回答下列问题：

(1) 如果行程为 2.5 km，乘客应付车费多少元？

(2) 如果行程为 7.5 km，乘客应付车费多少元？

(3) 写出所付车费 $y$(元)与行驶里程 $x$(km)之间的关系式.

(4) 若某乘客有 20 元钱,他最多能行驶多少千米?

## B 组

1. 画出函数 $f(x)=\begin{cases} x+1, & x\in[-1,0], \\ -x, & x\in(0,1) \end{cases}$ 的图象.

2. 依法纳税是每个公民应尽的义务,国家征收个人所得税是分段计算的:总收入不超过 2000 元,免征个人所得税,超过 2000 元部分需征税. 设全月纳税所得额为 $x$,$x$=全月总收入－2000 元,税率见右表:

| 级数 | 全月纳税所得额 | 税率 |
|---|---|---|
| 1 | 不超过 500 元部分 | 5% |
| 2 | 超过 500 元至 2000 部分 | 10% |
| 3 | 超过 2000 元至 5000 部分 | 15% |
| … | … | … |
| 9 | 超过 10000 元部分 | 45% |

(1) 某人 1 月份应交纳此项税款 26.78 元,则他当月工资总收入介于 ( )

A. 2000～2100 元  B. 2100～2500 元
C. 2500～2700 元  D. 2700～4000 元

(2) 若应纳税额为 $f(x)$,试用分段函数表示 1～3 级纳税额 $f(x)$ 的计算公式;

(3) 某人 2009 年 10 月份总收入 3000 元,试计算该人此月份应交纳个人所得税多少元?

3. 已知函数 $f(x)=\begin{cases} x+5, & x\leqslant -1, \\ x^2, & -1<x<1, \\ 2x, & x\geqslant 1. \end{cases}$

(1) 求 $f(-3)$,$f[f(-3)]$;(2) 画出 $y=f(x)$ 的图象;(3) 若 $f(a)=\dfrac{1}{2}$,求 $a$ 的值.

## §3.2 函数的性质

### A 组

**一、填空题**

1. 如果在 $[a,b]$ 上,随着 $x$ 的增加函数值 $y$ _____,那么就称定义在 $[a,b]$ 上的函数 $y=f(x)$ 是单调增加函数;如果在 $[a,b]$ 上,随着 $x$ 的增加函数值 $y$ _____,那么就称定义在 $[a,b]$ 上的函数 $y=f(x)$ 是单调减少函数.

2. 偶函数的图象关于_____对称;反之,图象关于_____对称的函数一定是偶函数.

3. 奇函数的图象关于_____对称;反之,图象关于_____对称的函数一定是奇函数.

4. 函数 $y=-7x+5$ 在 $(-\infty,+\infty)$ 上单调_____,函数 $y=x-1$ 在 $(-\infty,+\infty)$ 上单调_____.(填"增加"或"减少")

5. 已知关于 $x$ 的一次函数 $y=(m-1)x+7$,如果 $y$ 随 $x$ 的增大而减小,则 $m$ 的取值范围是_____.

**二、选择题**

6. 已知 $f(x)$ 是实数集上的偶函数,且在区间 $[0,+\infty)$ 上是增函数,则 $f(-2)$,$f(-\pi)$,$f(3)$ 的大小关系是 ( )
   A. $f(-\pi) > f(-2) > f(3)$
   B. $f(3) > f(-\pi) > f(-2)$
   C. $f(-2) > f(3) > f(-\pi)$
   D. $f(-\pi) > f(3) > f(-2)$

7. 设函数 $f(x)=(a-1)x+b$ 是 **R** 上的减函数,则有 ( )
   A. $a \geq 1$  B. $a \leq 1$  C. $a > -1$  D. $a < 1$

8. 已知函数 $f(x)=x^7+ax^5+bx-5$,若 $f(-100)=8$,那么 $f(100)$ 等于 ( )
   A. $-18$  B. $-20$  C. $-8$  D. $8$

9. 若 $f(x)$ 在 $[-5,5]$ 上是奇函数,且 $f(3) < f(1)$,则 ( )
   A. $f(-1) < f(-3)$
   B. $f(0) > f(1)$
   C. $f(-1) < f(1)$
   D. $f(-3) > f(-5)$

10. 已知函数 $y=f(x)$ 是偶函数,且在 $(-\infty,0)$ 上是增函数,则 $y=f(x)$ 在 $(0,+\infty)$ 上 ( )
    A. 是增函数  B. 是减函数  C. 不是单调函数  D. 单调性不确定

11. 已知直线 $y=kx+b$ 且过点 $A(x_1,y_1)$ 和 $B(x_2,y_2)$,若 $k<0$,且 $x_1 < x_2$,则 $y_1$ 与 $y_2$ 的大小关系是 ( )
    A. $y_1 > y_2$  B. $y_1 < y_2$  C. $y_1 = y_2$  D. 不能确定

12. 下列函数在区间 $[0,+\infty)$ 上是增函数的是 ( )
    A. $y=1+\dfrac{1}{x}$
    B. $y=(x-1)^2$
    C. $y=2x+1$
    D. $y=\begin{cases} x+1, & x \leq 0 \\ x-1, & x > 0 \end{cases}$

13. 下列函数中是偶函数的是 （　　）

A. $y=x^4(x<0)$　　　　　　　B. $y=|x+1|$

C. $y=\dfrac{2}{x^2+1}$　　　　　　　D. $y=3x-1$

三、解答题

14. 根据图象判断下列函数的奇偶性：

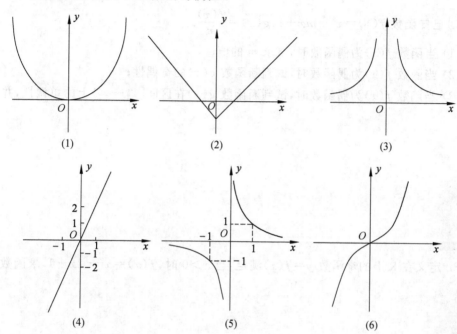

15. 下图分别为函数 $y=f(x)$ 和 $y=g(x)$ 的图象，试写出函数 $y=f(x)$ 和 $y=g(x)$ 的单调区间：

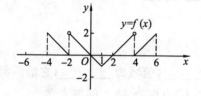 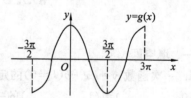

(1) 单调增加区间：＿＿＿＿＿＿＿，　　(2) 单调增加区间：＿＿＿＿＿＿＿，

单调减少区间：＿＿＿＿＿＿＿；　　　单调减少区间：＿＿＿＿＿＿＿．

16. 画出下列函数的图象，并写出单调区间：

(1) $y=-x^2+2$；　　　　　　(2) $y=\dfrac{1}{x}(x\neq 0)$．

## B 组

1. 求证：函数 $f(x)=-\dfrac{1}{x}-1$ 在区间 $(-\infty,0)$ 上是单调增加函数.

2. 已知函数 $f(x)=x^2+mx+1$，$g(x)=\dfrac{f(x)}{x}$.

   (1) 当函数 $f(x)$ 为偶函数时，试求 $m$ 的值；
   (2) 当函数 $f(x)$ 为偶函数时，试判断函数 $g(x)$ 的奇偶性；
   (3) 当函数 $f(x)$ 为偶函数时，试判断函数 $g(x)$ 在区间 $[1,+\infty)$ 上的单调性，并给出证明.

3. 定义在 **R** 上的奇函数 $y=f(x)$ 满足：当 $x>0$ 时，$f(x)=x^2-2x+1$，求函数的解析式.

## §3.3 函数的图象

### A 组

**一、填空题**

1. 一次函数 $y=kx+b(k\neq 0)$ 的定义域为_____，值域为_____；它的图象是经过点 $(0,$_____$)$ 和 $(1,$_____$)$ 的一条直线；当 $k>0$ 时，$y$ 随 $x$ 的增大而_____，当 $k<0$ 时，$y$ 随 $x$ 的增大而_____.

2. 反比例函数 $y=\dfrac{k}{x}(k\neq 0)$ 的定义域为_____，值域为_____，图象关于_____对称.

3. 二次函数 $y=ax^2+bx+c(a\neq 0)$ 的图象是一条_____，它是一个_____对称图形，抛物线与对称轴的交点叫做抛物线的_____点；当 $a>0$ 时，函数图象开口方向向_____，当 $a<0$ 时，函数图象开口方向向_____，对称轴是直线 $x=$_____，顶点坐标是_____.

4. 抛物线 $y=3(x-1)^2+2$ 的顶点坐标是_____，最小值是_____.

5. 函数 $y=5x-6$ 与 $x$ 轴的交点坐标为_____,与 $y$ 轴的交点坐标为_____.

6. 已知以 $x$ 为自变量的二次函数 $y=(m-2)x^2+(m^2-m-2)$ 的图象经过原点,则 $m$ 的值为_____.

二、选择题

7. 客车从甲地以 60 km/h 的速度行驶 1 h 到达乙地,在乙地停留了半小时,然后以 80 km/h 的速度行驶 1 h 到达丙地.下列描述客车从甲地出发,经过乙地,最后到达丙地所经过的路程 $s$ 与时间 $t$ 之间的关系图象中,正确的是 ( )

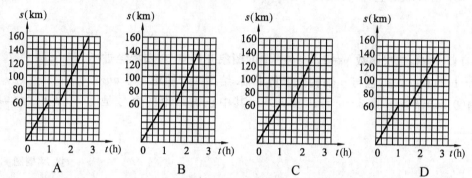

8. 二次函数 $y=1-6x-3x^2$ 的顶点坐标和对称轴方程分别为 ( )
  A. 顶点$(1,4)$,对称轴 $x=1$  B. 顶点$(-1,4)$,对称轴 $x=-1$
  C. 顶点$(1,4)$,对称轴 $x=-1$  D. 顶点$(-1,4)$,对称轴 $x=1$

9. 已知二次函数 $y=kx^2-7x-7$ 的图象和 $x$ 轴有交点,则 $k$ 的取值范围是 ( )
  A. $\{k|k>-\frac{7}{4}\}$  B. $\{k|k\geq-\frac{7}{4}$,且 $k\neq 0\}$
  C. $\{k|k\geq-\frac{7}{4}\}$  D. $\{k|k>-\frac{7}{4}$,且 $k\neq 0\}$

10. 一根蜡烛长 20 cm,点燃后每小时燃烧 5 cm,燃烧时剩下的高度 $h$(cm)与燃烧时间 $t$(h)的函数关系用图象表示为下图中的 ( )

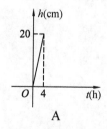 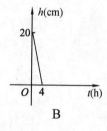 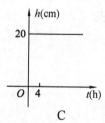 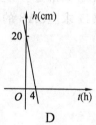

A　　　　　　B　　　　　　C　　　　　　D

11. 函数 $y=kx+b$ 的图象经过 $P(3,-2)$ 和 $Q(-1,2)$,则这个函数的解析式为 ( )
  A. $y=x-1$  B. $y=x+1$
  C. $y=-x-1$  D. $y=-x+1$

12. 若一次函数 $f(x)=(m-3)x+m+1$ 的图象过第一、二、四象限,则它的取值范围是 ( )

A. $(3,+\infty)$  B. $(-\infty,-1)\cup(3,+\infty)$
C. $(-1,3)$  D. $(-\infty,3)$

三、解答题

13. 画出函数 $y=-2x+2$ 的图象,结合图象回答下列问题:
 (1) 这个函数中,随着 $x$ 的增大,$y$ 将增大还是减小?它的图象从左到右怎样变化?
 (2) 当 $x$ 取何值时,$y=0$?
 (3) 当 $x$ 取何值时,$y>0$?

14. 如图,二次函数 $y=ax^2+bx+c$ 的图象开口向上,图象经过点 $(-1,2)$ 和 $(1,0)$,且与 $y$ 轴相交于负半轴.给出四个结论:① $abc<0$;② $2a+b>0$;③ $a+c=1$;④ $a>1$.其中正确结论的序号是 _____ .

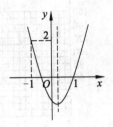

第14题图

## B 组

1. 求 $f(x)=-x^2+2x$ 在 $[0,10]$ 上的最大值和最小值.

2. 函数 $y=ax^2(a\neq 0)$ 与直线 $y=2x-3$ 交于点 $A(1,b)$.
 (1) 求 $a$ 和 $b$ 的值;
 (2) 求抛物线 $y=ax^2$ 的解析式、顶点坐标、对称轴,并指出其开口方向;
 (3) 如果抛物线上另一点 $B$ 与点 $A$ 关于 $y$ 轴对称,求点 $B$ 的坐标;
 (4) 求 $\triangle OAB$ 的面积.

3. 已知函数 $f(x)=ax^2+bx+c$,若 $f(0)=0$,$f(x+1)=f(x)+x+1$,求 $f(x)$ 的表达式.

## §3.4 函数的实际应用举例

### A 组

**一、填空题**

1. 在抗击"禽流感"中,某医药研究所开发了一种预防"禽流感"的药品.试验这种药品的效果得到:每毫升血液中含药量 $y$(微克)随时间 $x$(小时)的变化如图所示.当成人按规定剂量服药后,请根据图象回答问题:

   (1) 服药后_____小时,血液中含药量最高,达到每毫升_____微克,接着逐步衰减;

   (2) 服药 8 小时时,血液中含药量为每毫升_____微克;

   (3) 当 $x \leqslant 1$ 时,$y$ 与 $x$ 之间的函数关系式是_____;

   (4) 当 $x \geqslant 1$ 时,$y$ 与 $x$ 之间的函数关系式是_____;

   (5) 如果每毫升血液中含药量为 2 微克或 2 微克以上时,对预防"禽流感"是有效的,那么这个有效时间是_____小时.

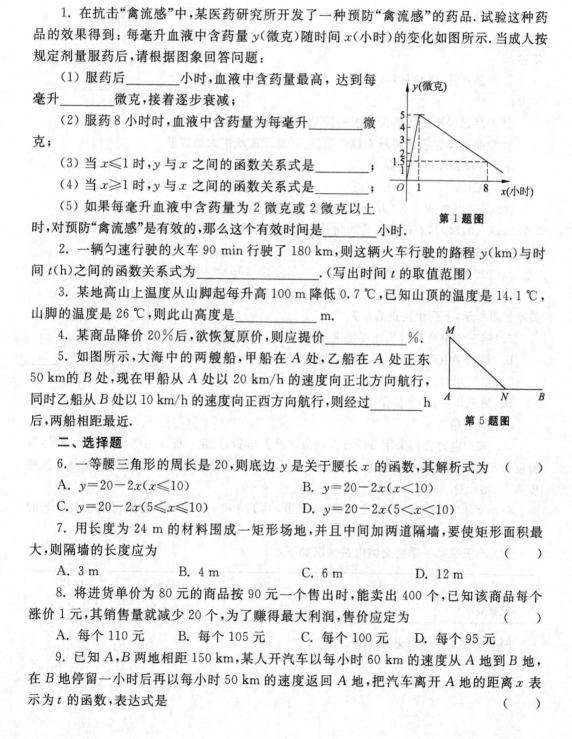

第 1 题图

第 5 题图

2. 一辆匀速行驶的火车 90 min 行驶了 180 km,则这辆火车行驶的路程 $y$(km)与时间 $t$(h)之间的函数关系式为_____.(写出时间 $t$ 的取值范围)

3. 某地高山上温度从山脚起每升高 100 m 降低 0.7 ℃,已知山顶的温度是 14.1 ℃,山脚的温度是 26 ℃,则此山高度是_____m.

4. 某商品降价 20% 后,欲恢复原价,则应提价_____%.

5. 如图所示,大海中的两艘船,甲船在 $A$ 处,乙船在 $A$ 处正东 50 km 的 $B$ 处,现在甲船从 $A$ 处以 20 km/h 的速度向正北方向航行,同时乙船从 $B$ 处以 10 km/h 的速度向正西方向航行,则经过_____h 后,两船相距最近.

**二、选择题**

6. 一等腰三角形的周长是 20,则底边 $y$ 是关于腰长 $x$ 的函数,其解析式为 (　　)

   A. $y = 20 - 2x (x \leqslant 10)$  　　B. $y = 20 - 2x (x < 10)$
   C. $y = 20 - 2x (5 \leqslant x \leqslant 10)$  　D. $y = 20 - 2x (5 < x < 10)$

7. 用长度为 24 m 的材料围成一矩形场地,并且中间加两道隔墙,要使矩形面积最大,则隔墙的长度应为 (　　)

   A. 3 m　　B. 4 m　　C. 6 m　　D. 12 m

8. 将进货单价为 80 元的商品按 90 元一个售出时,能卖出 400 个,已知该商品每个涨价 1 元,其销售量就减少 20 个,为了赚得最大利润,售价应定为 (　　)

   A. 每个 110 元　B. 每个 105 元　C. 每个 100 元　D. 每个 95 元

9. 已知 $A,B$ 两地相距 150 km,某人开汽车以每小时 60 km 的速度从 $A$ 地到 $B$ 地,在 $B$ 地停留一小时后再以每小时 50 km 的速度返回 $A$ 地,把汽车离开 $A$ 地的距离 $x$ 表示为 $t$ 的函数,表达式是 (　　)

A. $x=60t$  B. $x=60t+50t$

C. $x=\begin{cases}60t, & 0\leqslant t\leqslant 2.5,\\ 150-50t, & 2.5\leqslant t\leqslant 3.5\end{cases}$  D. $x=\begin{cases}60t, & 0\leqslant t\leqslant 2.5,\\ 150, & 2.5\leqslant t\leqslant 3.5,\\ 150-50(t-3.5), & 3.5<t\leqslant 6.5\end{cases}$

10. 某种产品市场产销量情况如图所示,其中 $l_1$ 表示产品各年年产量的变化规律,$l_2$ 表示产品各年的销售情况,给出下列叙述:

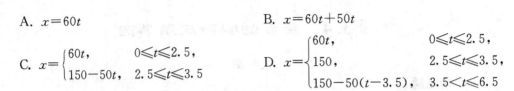

① 产品产量、销售量均以直线上升,仍可按原生产计划进行下去;

② 产品已经出现了供大于求的情况,价格将趋跌;

③ 产品的库存积压将越来越严重,应压缩产量或扩大销售量.

你认为较合理的叙述是 (  )

A. ①②③  B. ①③  C. ②  D. ②③

11. 某产品的成本 $y$(万元)与产量 $x$(台)之间的函数关系式是 $y=3000+20x-0.1x^2, x\in(0,240)$,若每台产品的售价为 25 万元,则生产者不亏本时(销售收入不小于总成本)的最低产量为 (  )

A. 100 台  B. 120 台  C. 150 台  D. 180 台

12. 某工厂八年来某种产品总产量 $c$ 与时间 $t$(年)的函数关系如图所示,下列说法正确的是 (  )

A. 前三年中产量增长速度越来越快

B. 前三年中产量增长速度越来越慢

C. 第三年后,这种产品停止生产

D. 第三年后,年产量保持不变

### 三、解答题

13. 某市电力公司采用分段计费的方法计算电费,规定:每月用电不超 100 度时,按每度 0.57 元计费;每月用电超过 100 度时,其中的 100 度仍按原标准收费,超过部分按每度 0.50 元计费.

(1) 设月用电 $x$ 度时,应交电费 $y$ 元,当 $x\leqslant 100$ 和 $x>100$ 时,分别写出 $y$ 关于 $x$ 的函数关系式;

(2) 小王家第一季度交纳电费情况如下:

| 月 份 | 一月份 | 二月份 | 三月份 | 合计 |
|---|---|---|---|---|
| 交费金额 | 76 元 | 63 元 | 45 元 6 角 | 184 元 6 角 |

问小王家第一季度共用电多少度?

14. 某租赁公司拥有汽车 100 辆,当每辆车的月租金为 3000 元时,可全部租出,当每辆车的月租金增加 50 元时,未租出的车将会增加 1 辆.租出的车辆每月需要维护费 150 元,未租出的每辆每月需要维护费 50 元.

(1) 当每辆车的月租金定为 3600 元时,能租出多少辆车?

(2) 当每辆车的月租金定为多少元时,租赁公司的月收益最大?最大月收益是多少?

## B 组

1. 声音在空气中传播的速度 $y(m/s)$(简称声速)是气温 $x(℃)$ 的一次函数.下表列出了一组不同气温时的声速:

| 气温 $x(℃)$ | 0 | 5 | 10 | 15 | 20 |
|---|---|---|---|---|---|
| 声速 $y(m/s)$ | 331 | 334 | 337 | 340 | 343 |

(1) 求 $y$ 与 $x$ 之间的函数关系式;

(2) 当气温 $x=22(℃)$ 时,某人看到烟花燃放 5 s 后才听到声响,那么此人与燃放的烟花所在地约相距多远?

2. 某服装厂生产一种服装,每件服装的成本为 40 元,出厂单价定为 60 元,该厂为了鼓励销售商订购,决定当一次订购量超过 100 件时,每多订一件,订购的全部服装的出厂单价就降低 0.02 元.根据市场调查,销售商一次订购不会超过 500 件.

(1) 设一次订购量为 $x$ 件,服装厂的实际出厂单价为 $P$ 元,试写出函数 $P=f(x)$ 的表达式;

(2) 若销售商一次订购了 450 件服装,则该服装厂获得的利润是多少?

(服装厂售出一件服装的利润=实际出厂单价-成本)

3. 利达经销店为某工厂代销一种建筑材料(这里的代销是指厂家先免费提供货源,待货物售出后再进行结算,未售出的由厂家负责处理).当每吨售价为 260 元时,月销售量为 45 吨.该经销店为提高经营利润,准备采取降价的方式进行促销.经市场调查发现:当每吨售价每下降 10 元时,月销售量就会增加 7.5 吨.综合考虑各种因素,每售出一吨建筑材料共需支付厂家及其他费用 100 元.设每吨材料售价为 $x$(元),该经销店的月销售量为 $p$(吨),月利润为 $y$(元).

(1) 当每吨售价是 240 元时,计算此时的月销售量,求出 $p$ 与 $x$ 的函数关系式(不要求写出 $x$ 的取值范围);

(2) 求出 $y$ 与 $x$ 的函数关系式(不要求写出 $x$ 的取值范围);

(3) 该经销店要获得最大月利润,售价应定为每吨多少元?

# 自 测 题 三

## A 卷

### 一、填空题

1. 已知 $f(x)=-3x^2+x-2$,则 $f(-2)=$ _____,$f(0)=$ _____.

2. 函数 $f(x)=\sqrt{5-2x}$ 的定义域是 _____,函数 $f(x)=\dfrac{1}{x+2}$ 的定义域是 _____.

3. 函数 $y=2x-1$ 是 _____ 函数;函数 $y=-x+1$ 是 _____ 函数.(填"增"或"减")

4. 抛物线 $y=(x-1)^2+1$ 的顶点坐标是 _____,最小值是 _____.

5. 若函数 $y=f(x)$,$x\in[2a-1,3]$ 是奇函数,则 $a=$ _____.

6. 函数 $y=x^2-6x-10$ 在区间 $(2,4)$ 上 _____.(填单调性)

7. 影响刹车距离的最主要因素是汽车行驶的速度及路面的摩擦系数.有研究表明,晴天在某段公路上行驶,速度为 $v$(km/h)的汽车的刹车距离 $s$(m)可由公式 $s=\dfrac{1}{100}v^2$ 确定;雨天行驶时,这一公式为 $s=\dfrac{1}{50}v^2$.如果车行驶的速度是 60 km/h,那么在雨天行驶和晴天行驶相比,刹车距离相差 _____ m.

8. $A,B$ 两地之间的路程为 20 km,某人从 $A$ 地出发向 $B$ 地行走,每小时行走 4 km,那么该人离 $B$ 地的路程 $y$(km)与行走时间 $x$(h)之间的函数关系式是 _____.(要写出定义域)

### 二、选择题

9. 下列图象中表示函数关系 $y=f(x)$ 的是 ( )

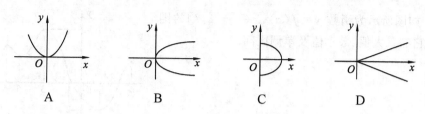

A　　　　　　B　　　　　　C　　　　　　D

10. 函数 $y=\dfrac{\sqrt{2-x}}{x+1}$ 的自变量 $x$ 的取值范围是 （　　）

  A. $(-\infty,2]$         B. $(-\infty,2)$

  C. $(-2,1)\cup(1,+\infty)$     D. $(-\infty,-1)\cup(-1,2]$

11. 若直线 $y=(m+1)x+5$ 中，$y$ 的值随 $x$ 的增大而减小，则 $m$ 的取值范围是

                          （　　）

  A. $(-\infty,-1)$   B. $(-1,+\infty)$   C. $\{-1\}$   D. $(-\infty,1)$

12. 抛物线 $y=x^2+6x+8$ 与 $y$ 轴的交点坐标是 （　　）

  A. $(0,-8)$   B. $(0,8)$   C. $(0,6)$   D. $(-2,0),(-4,0)$

13. 抛物线 $y=-\dfrac{1}{2}(x+1)^2+3$ 的顶点坐标是 （　　）

  A. $(1,3)$   B. $(1,-3)$   C. $(-1,-3)$   D. $(-1,3)$

14. 下列各组表示相同函数的是 （　　）

  A. $y=x^0$ 与 $y=1$       B. $y=x-1$ 与 $y=\dfrac{x^2-x}{x}$

  C. $y=x$ 与 $y=\sqrt{x^2}$      D. $y=x$ 与 $y=\sqrt[3]{x^3}$

15. 函数 $f(x)=\sqrt{x^2-1}$ 的奇偶性为 （　　）

  A. 是奇函数但不是偶函数     B. 是偶函数但不是奇函数

  C. 是奇函数且是偶函数      D. 不是奇函数也不是偶函数

### 三、解答题

16. 求下列函数的定义域：

  (1) $f(x)=\sqrt{x+1}+\dfrac{1}{2-x}$；    (2) $f(x)=2-\sqrt{4x-x^2}$.

17. 购买饮料 $x$ 听，所需钱数为 $y$ 元．若每听 2 元，试分别用解析法、列表法、图象法将 $y$ 表示成 $x(x\in\{1,2,3,4\})$ 的函数，并指出该函数的值域．

18. 如图所示为函数 $y=f(x),x\in[-4,7]$ 的图象，指出它的最大值、最小值及单调区间.

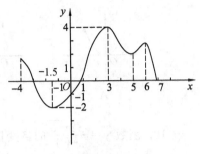

第18题图

19. 已知抛物线以点 $(-1,-8)$ 为顶点，且与 $y$ 轴交点纵坐标为 $-6$，求函数的解析式.

20. 某商店以每件20元的价格购进一批货物，然后以每件30元的价格出售，每月售出400件.试销中发现，若售价提高1元，则少售出20件，问每件售价多少元时，能使月销售利润最大？

21. 如图，在一面靠墙的空地上用长24 m 的篱笆围成中间隔有两道篱笆的长方形花圃，设花圃的宽 $AB$ 为 $x$ m，面积为 $S$ m$^2$.

(1) 求 $S$ 与 $x$ 的函数关系式及自变量的取值范围；

(2) 当 $x$ 取何值时所围成的花圃面积最大，最大值是多少？

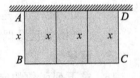

第20题图

## B 卷

### 一、填空题

1. 函数 $f(x)=\sqrt{-x^2+2x+3}$ 的定义域是_____.

2. 已知 $f(x)=\begin{cases}x^2+1, & x\leqslant 0,\\ -2x, & x>0,\end{cases}$ 若 $f(a)=10$，则 $a=$_____.

3. 若函数 $y=f(x)$ 在 $(0,+\infty)$ 上单调递减，则 $f\left(\dfrac{\pi}{2}\right),f(1),f(2)$ 的大小关系是_____.

4. 已知 $f(x)$ 是偶函数，$g(x)$ 是奇函数，它们的定义域为 $\{x|x\in\mathbf{R}\text{ 且 }x\neq\pm 1\}$，若

$f(x)+g(x)=\dfrac{1}{x-1}$，则 $f(x)=$ _____，$g(x)=$ _____.

5. 已知函数 $f(2x+1)=3x+2$，且 $f(a)=4$，则 $a=$ _____.

6. 函数 $y=-x^2+4x+1$，$x\in[-3,3]$ 的值域是 _____.

7. 设定义在 **R** 上的函数 $f(x)=x|x|$，则 $f(x)$ 是 _____.

8. 设 $f(x)=ax^5+bx^3+cx+7$（其中 $a,b,c$ 为常数，$x\in\mathbf{R}$），若 $f(-7)=17$，则 $f(7)=$ _____.

二、选择题

9. 如图，下列对应中为函数的是 （　　）

A　　　　B　　　　C　　　　D

10. 下列各组函数中，表示同一个函数的是 （　　）

A. $y=x$ 与 $y=(\sqrt{x})^2$  　　B. $y=1(x\neq 0)$ 与 $y=x^0(x\neq 0)$

C. $y=\sqrt{x^2}$ 与 $y=\sqrt[3]{x^3}$  　　D. $y=\sqrt{x+2}\cdot\sqrt{x-2}$ 与 $y=\sqrt{x^2-4}$

11. 设点 $(0,1)$ 在函数 $f(x)=x^2+ax+a$ 的图象上，则该函数图象的对称轴方程为 （　　）

A. $x=1$　　B. $x=\dfrac{1}{2}$　　C. $x=-1$　　D. $x=-\dfrac{1}{2}$

12. 若函数 $y=(2k+1)x+b$ 在 $(-\infty,+\infty)$ 上是减函数，则 （　　）

A. $k>\dfrac{1}{2}$　　B. $k<\dfrac{1}{2}$　　C. $k>-\dfrac{1}{2}$　　D. $k<-\dfrac{1}{2}$

13. 函数 $f(x)=\dfrac{\sqrt{1-x^2}}{|x+2|-2}$ 的奇偶性为 （　　）

A. 是奇函数不是偶函数　　　　B. 是偶函数不是奇函数
C. 是奇函数且是偶函数　　　　D. 不是奇函数也不是偶函数

14. 已知函数 $f(x)=\dfrac{1+x}{1-x}$，若 $f(a)=\dfrac{1}{2}$，则 $f(-a)$ 的值为 （　　）

A. $\dfrac{1}{2}$　　B. $-\dfrac{1}{2}$　　C. 2　　D. $-2$

15. 如果奇函数 $f(x)$ 在区间 $[3,7]$ 上是增函数且最小值为 5，那么 $f(x)$ 在 $[-7,-3]$ 上是 （　　）

A. 增函数且最小值为 $-5$　　　　B. 增函数且最大值为 $-5$
C. 减函数且最小值为 $-5$　　　　D. 减函数且最大值为 $-5$

16. 已知直线 $y=kx+4$ 与两坐标轴围成的三角形面积为 6，则 $k$ 的值为 （　　）

A. $\pm 3$   B. $\dfrac{4}{3}$   C. $-\dfrac{4}{3}$   D. $\pm\dfrac{4}{3}$

三、解答题

17. 求下列函数的定义域：

(1) $f(x)=\sqrt{1-2^x}$；

(2) $f(x)=\sqrt{|x|-1}$.

18. 如图所示为函数 $y=f(x)$ 的图象，回答下列问题：

(1) 求 $f(0),f(1),f(2)$ 的值；

(2) 若 $-1<x_1<x_2<1$，比较 $f(x_1)$ 与 $f(x_2)$ 的大小；

(3) 若函数值 $f(x)>0$，求 $x$ 的取值范围.

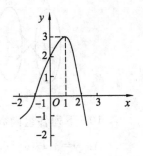

19. 画出函数 $f(x)=|x|$ 的图象，并求 $f(-3),f(3),f(-1),f(1)$ 的值.

20. 已知 $f(x)$ 是奇函数，且当 $x>0$ 时，$f(x)=x|x-2|$，求当 $x<0$ 时，$f(x)$ 的表达式.

21. 利用定义证明函数 $f(x)=\dfrac{1}{x}$ 在 $(0,+\infty)$ 上是减函数.

22. 某果品批发公司为指导今年的樱桃销售,对往年的市场销售情况进行了调查统计,得到如下数据:

| 销售价 $x$(元/kg) | … | 25 | 24 | 23 | 22 | … |
|---|---|---|---|---|---|---|
| 销售量 $y$(kg) | … | 2000 | 2500 | 3000 | 3500 | … |

(1) 在如图所示的直角坐标系内,作出各组有序数对 $(x,y)$ 所对应的点,连结各点并观察所得的图形,判断 $y$ 与 $x$ 之间的函数关系,并求出 $y$ 与 $x$ 之间的函数关系式;

(2) 若樱桃进价为 13 元/kg,试求销售利润 $P$(元)与销售价 $x$(元/kg)之间的函数关系式,并求出当 $x$ 取何值时,$P$ 的值最大?

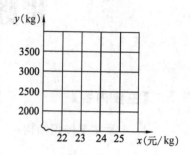

# 第四章 指数函数与对数函数

【主要内容】

1. 本章主要知识结构：

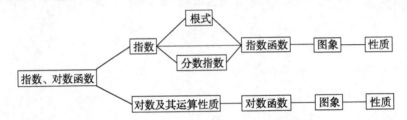

2. 指数函数和对数函数的概念、图象和性质对照表：

| 名称 | 指数函数 $y=a^x (a>0, a\neq 1)$ | | 对数函数 $y=\log_a x (a>0, a\neq 1)$ | |
|---|---|---|---|---|
| 函数图象 | $y=a^x$ $(a>1)$，过$(0,1)$ | $y=a^x$ $(0<a<1)$，过$(0,1)$ | $y=\log_a x$ $(a>1)$，过$(1,0)$ | $y=\log_a x$ $(0<a<1)$，过$(1,0)$ |
| 函数图象 | $y=a^x$，$y=b^x$ $(a>b>1)$，过$(0,1)$ | $y=a^x$，$y=b^x$ $(0<a<b<1)$，过$(0,1)$ | $y=\log_b x$，$y=\log_a x$ $(a>b>1)$，过$(1,0)$ | $y=\log_a x$，$y=\log_b x$ $(0<a<b<1)$，过$(1,0)$ |
| 定义域 | $(-\infty,+\infty)$ | | $(0,+\infty)$ | |
| 值域 | $(0,+\infty)$ | | $(-\infty,+\infty)$ | |
| 定点 | $(0,1)$ | | $(1,0)$ | |
| 函数值变化 | 当 $a>1$ 时，$\begin{cases} a^x>1(x>0), \\ a^x=1(x=0), \\ 0<a^x<1(x<0) \end{cases}$ | 当 $0<a<1$ 时，$\begin{cases} 0<a^x<1(x>0), \\ a^x=1(x=0), \\ a^x>1(x<0) \end{cases}$ | 当 $a>1$ 时，$\log_a x \begin{cases} >0(x>1), \\ =0(x=1), \\ <0(0<x<1) \end{cases}$ | 当 $0<a<1$ 时，$\log_a x \begin{cases} >0(0<x<1), \\ =0(x=1), \\ <0(x>1) \end{cases}$ |
| 奇偶性 | 非奇非偶函数 | | | |
| 单调性 | 当 $a>1$ 时，$a^x$ 是增函数 | 当 $0<a<1$ 时，$a^x$ 是减函数 | 当 $a>1$ 时，$\log_a x$ 是增函数 | 当 $0<a<1$ 时，$\log_a x$ 是减函数 |

3.（1）指数式与对数式有如下关系（指数式化为对数式或对数式化为指数式的重要依据）：
$$a^b = N \Leftrightarrow b = \underline{\qquad}(a>0).$$

（2）有理数指数幂的定义：

① $a^0 = \underline{\qquad}(a \neq 0)$；

② $a^{-n} = \underline{\qquad}(a \neq 0, n \in \mathbf{N}^*)$；

③ $a^{\frac{m}{n}} = \underline{\qquad}(a>0, m, n \in \mathbf{N}^*，且 \frac{m}{n} 为既约分数)$；

④ $a^{-\frac{m}{n}} = \underline{\qquad}(a>0, m, n \in \mathbf{N}^*，且 \frac{m}{n} 为既约分数)$.

（3）实数指数幂的运算法则：

① $a^m \cdot a^n = \underline{\qquad}$；

② $(a^m)^n = \underline{\qquad}$；

③ $(ab)^n = \underline{\qquad}$.

（4）对数的性质：

① 真数必须是正数，即零和负数没有对数；

② $\log_a 1 = \underline{\qquad}(a>0 且 a \neq 1)$；

③ $\log_a a = \underline{\qquad}(a>0 且 a \neq 1)$.

对数恒等式：

$a^{\log_a N} = \underline{\qquad}(a>0 且 a \neq 1)$.

对数的运算法则：

当 $a>0$ 且 $a \neq 1, M>0, N>0$ 时，有

① $\underline{\qquad} = \log_a M + \log_a N$；

② $\log_a \frac{M}{N} = \underline{\qquad}$；

③ $\underline{\qquad} = n \log_a M$；

④ $\log_a \sqrt[n]{M} = \underline{\qquad}$.

换底公式：

$\log_a N = \underline{\qquad}(a>0 且 a \neq 1)$.

【学习要求】

1. 理解分数指数幂的概念，掌握有理指数幂的运算性质，掌握指数函数的概念、图象和性质.

2. 理解对数的概念，掌握对数的运算性质，掌握对数函数的概念、图象和性质.

3. 能够运用指数函数和对数函数的性质解决某些简单的实际问题.

【典型例题分析】

例1 （1）化简 $a\sqrt{a\sqrt{a\sqrt{a}}}$； （2）已知 $x + x^{-1} = 2$，求 $x^2 + x^{-2}$ 的值.

**解** (1) 原式 $=a\sqrt{a\sqrt{aa^{\frac{1}{2}}}}=a\sqrt{a\sqrt{a a^{\frac{3}{2}}}}=a\sqrt{a\sqrt{a^{\frac{3}{4}}}}=a\sqrt{a\cdot a^{\frac{7}{4}}}=a\cdot a^{\frac{7}{8}}=a^{\frac{15}{8}}$.

(2) $\because x^2+x^{-2}=x^2+2+x^{-2}-2=x^2+2xx^{-1}+(x^{-1})^2-2=(x+x^{-1})^2-2$,

又 $x+x^{-1}=2$,

$\therefore$ 原式 $=2^2-2=4-2=2$.

**例2** 求函数的定义域:

(1) $y=\sqrt{x^2-2x-3}$;

(2) $y=\log_2(2-|3-x|)$.

**分析** 我们通常讨论的定义域是指自然定义域(即使函数解析式有意义的 $x$ 的取值范围),使解析式有意义的情况,到本章为止,有下面几种情况:

(1) 整式的定义域为 **R**;

(2) 分式函数的分母不为0;

(3) 根式函数中,偶次根式的被开方数一定要大于等于0;

(4) 对数式中,对数中的真数必须为正;

(5) 对同一个函数中同时含有以上各种情况,函数的定义域为求各个限制条件的交集;

(6) 对于实际问题所建立的函数的定义域,还要注意其实际意义.

**解** (1) 式中见到的是偶次根式,只要确保偶次根式里面的被开方数大于等于0.要使函数有意义,必须满足 $x^2-2x-3\geqslant 0$.

令 $x^2-2x-3=0$,解之可得 $x_1=-1,x_2=3$.

所以函数的定义域为 $\{x|x\leqslant -1 \text{ 或 } x\geqslant 3\}$.

(2) 要使函数有意义,必须满足 $2-|3-x|>0$,即 $|3-x|<2$.

令 $|x-3|=2$,解之可得 $x_1=1,x_2=5$.

所以函数的定义域为 $\{x|1<x<5\}$.

**例3** 证明函数 $f(x)=\dfrac{1}{x}$ 在 $(0,+\infty)$ 上是减函数.

**分析** 根据减函数的定义,只要证明对于在 $(0,+\infty)$ 上的任意两个自变量的值 $x_1$, $x_2$,当 $x_1<x_2$ 时,$f(x_1)<f(x_2)$,即 $f(x_1)-f(x_2)<0$ 就可以了.

**证明** 设 $x_1>0,x_2>0$,且 $x_1<x_2$,则

$$f(x_1)-f(x_2)=\dfrac{1}{x_1}-\dfrac{1}{x_2}=\dfrac{x_2-x_1}{x_1x_2}.$$

因为 $x_1>0,x_2>0$,得 $x_1x_2>0$,

又 $x_1<x_2$,得 $x_2-x_1>0$,

于是 $f(x_1)-f(x_2)>0$,

即 $f(x_1)>f(x_2)$.

所以函数 $f(x)=\dfrac{1}{x}$ 在 $(0,+\infty)$ 上是减函数.

**例4** 比较 $\log_3 4$ 和 $\log_4 3$ 的大小.

**分析** 由于两个对数的底不同,故不能直接比较大小,但可以在两个对数值中间插

入一个已知数,间接比较两个对数的大小.经常在两个对数之间插入1或0.

**解** 因为 $\log_3 4 > \log_3 3 = 1, \log_4 3 < \log_4 4 = 1$,所以 $\log_3 4 > \log_4 3$.

**例5** 已知 $\lg 2 = 0.3010, \lg 3 = 0.4771$.

求:(1) $\lg 180$;(2) $\lg \sqrt{45}$.

**分析** 这两道题目考察的是能否熟练运用积、商、幂的对数的运算法则.

**解** (1) $\lg 180 = \lg 10 + \lg 18 = 1 + \lg 2 \cdot 3^2$
$$= 1 + \lg 2 + \lg 3^2 = 1 + \lg 2 + 2\lg 3$$
$$= 2.2552.$$

(2) $\lg \sqrt{45} = \lg 45^{\frac{1}{2}} = \frac{1}{2}\lg 45 = \frac{1}{2}\lg \frac{90}{2} = \frac{1}{2}(\lg 9 + \lg 10 - \lg 2)$
$$= \frac{1}{2}(\lg 3^2 + 1 - \lg 2) = \frac{1}{2}(2\lg 3 + 1 - \lg 2) = 0.8266.$$

【课外习题】

## §4.1 指　数

### A 组

1. 64 的平方根和算术平方根分别为＿＿＿＿＿，＿＿＿＿＿．

2. 计算下列各式的值:

(1) $\sqrt[3]{27^4}$;　　　　　　　　(2) $\sqrt[3]{-125}$;

(3) $\sqrt[5]{-32^2}$;　　　　　　　　(4) $\sqrt{(-2)^4}$.

3. 将下列根式化为指数幂的形式:

(1) $\sqrt[3]{a^4}$;　　　　　　　　(2) $\sqrt{2\sqrt{2\sqrt{2\sqrt{2}}}}$.

4. 已知 $x^{\frac{1}{2}}+x^{-\frac{1}{2}}=2$,求 $x+\frac{1}{x}$ 的值.

5. 若 $a>0$,且 $a^x=2,a^y=3$,求 $a^{x+2y}$ 的值.

### B 组

1. $(2^{n+1})^2 \cdot 2^{-2n-1} \div 4^n =$ _____.
2. 若 $3^{x-1}=a, 3^{y-1}=b$,则 $3^{x+y}=$ _____.
3. 如果 $a^3+a^{-3}=a+a^{-1}$,那么 $a^2$ 的值为 (　)
 A. 1    B. $3+\sqrt{5}$    C. $2+\sqrt{2}$    D. $3+\sqrt{13}$
4. 若 $3^{2x}+9=10 \cdot 3^x$,则 $x^2+1$ 的值为 (　)
 A. 1    B. 2    C. 5    D. 1 或 5

## §4.2　幂　函　数

### A 组

1. 比较下列各组数的大小:
(1) $1.3^{\frac{3}{2}}, 1.4^{\frac{3}{2}}$;      (2) $0.2^5, 0.5^5$.

2. 幂函数的图象经过点 $(2,4)$,则 $f(3)=$ _____.
3. 给出下列四个函数① $y=x^{\frac{1}{3}}$;② $y=x^{-\frac{1}{3}}$;③ $y=x^{-1}$;④ $y=x^{\frac{2}{3}}$.其中定义域和值域相同的函数的序号是_____.
4. 求函数 $y=(4x-3)^{\frac{1}{2}}$ 的定义域.

5. 在同一坐标系中画出 $y=x^2$ 与 $y=2^x-1(x>0)$ 的图象.

## B组

1. 函数 $y=(1+x)^0+\dfrac{(1+x)^{\frac{3}{4}}}{x}$ 的定义域为 （　　）

   A. $\{x|x\leqslant -1\}$  　　　　　 B. $\{x|x\geqslant -1\}$
   
   C. $\{x|x\geqslant -1, x\neq 0\}$  　 D. $\{x|x> -1, x\neq 0\}$

2. 函数 $y=\log_2(6-5x-x^2)$ 的定义域为_____．

3. 使函数 $y=\dfrac{2}{x^2}$ 为增函数的区间为_____．

4. 若函数 $f(x)=x^2+2(a-1)x+2$ 在区间 $(-\infty, 4)$ 上是减函数，那么实数 $a$ 的取值范围是_____．

5. 函数 $y=\sqrt{x^2-2x-8}$ 的定义域为_____．

6. 证明：函数 $y=x^2-2$ 在 $(0,+\infty)$ 上是增函数．


## §4.3　指数函数

### A组

1. 给出下列函数：

   ① $y=4x^2$；② $y=2^x$；③ $y=4^{2x}$；④ $y=4\times 4^x$；⑤ $y=-2^x$．

   其中一定为指数函数的是_____．（填序号）

2. 已知 $a=4^{0.2}, b=8^{0.1}, c=\left(\dfrac{1}{2}\right)^{-0.5}$，则 $a,b,c$ 的大小关系为_____．

3. 比较下列各组数的大小：

   (1) $0.3^{0.3}, 0.3^{0.4}$；　　　　(2) $5^{\frac{1}{2}}, 5^{\frac{1}{5}}$．

4. 求不等式 $\left(\dfrac{1}{3}\right)^x>9$ 的解集．

5. 求函数 $y=\sqrt{2-2^{x^2+x-2}}$ 的定义域．

6. 若函数 $y=(1-a)^x$ 在 **R** 上是减函数,求实数 $a$ 的取值范围.

7. 已知函数 $f(x)=a^x+b$ 的图象过点 $(1,7)$ 和 $(0,4)$,求 $f(x)$ 的表达式.

8. 某品牌电脑的成本为 2000 元,在今后的 10 年中,计划使成本每年都比上一年降低 5%,求成本 $y$ 随经过的年数 $x$ 变化的函数关系式,并计算经过 5 年后该品牌电脑的成本.(结果保留到 0.1)

## B 组

1. 指数函数的定义域为_____,值域为_____.

2. 下列函数中,哪些是指数函数,哪些是幂函数,哪些既不是指数函数也不是幂函数?

(1) $y=x^{\frac{2}{5}}$;  (2) $y=(4.3)^x$;  (3) $y=(-8)^x$;  (4) $y=3x^{0.2}$.

3. 比较下列指数函数值的大小:

(1) $y=7^{0.7}, y=7^{0.8}$;  (2) $y=3.4^{-1.3}, y=3.4^{-1.4}$;

(3) $y=\left(\dfrac{7}{4}\right)^{4.5}, y=\left(\dfrac{7}{4}\right)^{5.4}$;  (4) $y=\left(\dfrac{3}{5}\right)^{-2.3}, y=\left(\dfrac{3}{5}\right)^{-2.4}$.

4. 在同一直角坐标系内画出指数函数 $y=3^x$ 和 $y=\left(\dfrac{1}{3}\right)^x$ 以及 $y=2^x$ 和 $y=\left(\dfrac{1}{2}\right)^x$ 的图象，并根据图象说出它们有什么特征．

## §4.4　对数的概念

### A 组

1. 把下列各式化为相应的对数形式或指数形式：

(1) $10^2=100$；

(2) $\left(\dfrac{1}{2}\right)^{-2}=4$；

(3) $\log_{\frac{1}{2}}2=-1$；

(4) $\log_3\dfrac{1}{27}=-3$．

2. 求下列各式的值：

(1) $\log_2 4$；

(2) $\log_3\dfrac{1}{9}$；

(3) $\log_9 3$；

(4) $\log_{\sqrt{2}} 4$；

(5) $9^{2\log_9 2}$；

(6) $2^{-2\log_2 3}$．

3. 求下列各式中 $x$ 的值：

(1) $\log_{16}(x-4)=\dfrac{1}{2}$；

(2) $\log_3 x=\dfrac{1}{4}$.

4. 已知 $f(x)=\begin{cases} x+15, & x\leqslant -2, \\ x^2, & -2<x<0, \\ \log_3 x, & x\geqslant 0, \end{cases}$ 求 $f[f(-6)]$.

**B 组**

1. 把下列指数形式化为对数形式：

(1) $3^2=9$；

(2) $8^{\frac{2}{3}}=4$；

(3) $\left(\dfrac{1}{5}\right)^{-2}=25$；

(4) $4^{-2}=\dfrac{1}{16}$.

2. 把下列对数形式化为指数形式：

(1) $\log_2 8=3$；

(2) $\log_{\frac{1}{3}} 9=-2$；

(3) $\log_{\frac{1}{5}} 5=-1$；

(4) $\log_{\frac{2}{3}} \dfrac{9}{4}=-2$.

3. 求下列对数函数的定义域：

(1) $y=\log_2(4-3x)$；  (2) $y=\log_2\dfrac{4}{3x-5}$.

4. 求下列对数函数在指定点处的函数值：

(1) 已知 $y=\log_{\frac{1}{3}}x$，求当 $x=\dfrac{1}{3},\dfrac{1}{9},\dfrac{\sqrt{3}}{3}$ 时 $y$ 的值；

(2) 已知 $y=\log_2 x$，求当 $x=4,\dfrac{1}{4},8$ 时 $y$ 的值.

## §4.5 积、商、幂的对数

### A 组

1. 已知 $a=\log_3 2$，则 $\log_3 8-2\log_3 6$ 用 $a$ 表示为_____.
2. $(\lg 5)^2+\lg 2 \cdot \lg 50=$_____.
3. $\lg 8+3\lg 5=$_____.
4. 已知 $\lg 2=0.3010, \lg 3=0.4771$，则

(1) $\lg 36=$_____；

(2) $\lg\sqrt{72}=$_____.

5. 化简求值（已知 $\lg 3=0.4771$）：

$\dfrac{1}{\log_{\frac{1}{2}}\frac{1}{3}}+\dfrac{1}{\log_{\frac{1}{5}}\frac{1}{3}}=$_____.

6. 若 $2^m=3^n=36$，则 $\dfrac{1}{m}+\dfrac{1}{n}=$_____.

7. 不用计算器计算：

(1) $\log_2 5-2\log_4 10$；  (2) $\log_6 4+\log_6 9$.

## B 组

1. (1) $2^{|\log_{\frac{1}{2}} 0.3|-1} = $ _____ ；   (2) $\log_{0.25} \sqrt[5]{8} = $ _____ .

2. 若 $a>1, b>1, p = \dfrac{\log_b(\log_b a)}{\log_b a}$，则 $a^p$ 等于   (    )

   A. 1  　　　　B. $b$ 　　　　C. $\log_b a$ 　　　　D. $a^{\log_b a}$

3. 设 $\log_3 4 \cdot \log_4 3 \cdot \log_3 m = \log_4 16$，则 $m$ 的值为   (    )

   A. $\dfrac{9}{2}$ 　　　B. 9 　　　　C. 18 　　　　D. 27

4. 设 $\lg 2 = a$，则 $\log_2 25$ 等于   (    )

   A. $\dfrac{1-a}{a}$ 　　B. $\dfrac{a}{1-a}$ 　　C. $\dfrac{2(1-a)}{a}$ 　　D. $\dfrac{2a}{1-a}$

5. 解下列方程：

   (1) $\left(\dfrac{1}{4}\right)^x = 4\sqrt{2}$;　　　　　(2) $\log_3 \sqrt{x} = 2$;

   (3) $2(\log_3 x)^2 + \log_3 x - 1 = 0$.

6. 已知 $\log_6 27 = a$，试用 $a$ 表示 $\log_{18} 16$.

## §4.6  对数函数

### A 组

1. 比较下列各数的大小：

   (1) $\log_3 2, 1$;　　　　　　(2) $\log_5 6, \log_5 7$;

   (3) $\log_{\frac{1}{2}} 0.3, \log_{\frac{1}{2}} 0.4$;　　(4) $\log_2 3, \log_7 6$.

2. 求下列函数的定义域：

(1) $y=\log_{\sqrt{2}}\sqrt{4x-4}$；  (2) $y=\log_2(4x)$；

(3) $y=\dfrac{2}{\log_{\sqrt{2}}x}$；  (4) $y=\sqrt{\log_{\frac{1}{2}}(2x+6)}$.

3. 已知 $\log_a 2<\log_b 2<0$，则 $1,a,b$ 的大小关系为_____.

4. (1) 函数 $f(x)=\log_{\frac{1}{2}}\left|\dfrac{1}{2}-x\right|$ 的单调减区间为_____；

(2) 函数 $y=1-\log_{\frac{1}{2}}x$ 的单调增区间为_____.

5. 在同一坐标系中作出对数函数 $y=\lg x$ 与 $y=-\lg x$ 的图象，并根据图象说出两者之间的关系.

6. 判断函数 $f(x)=\log_2(x-1)$ 在某个区间上的单调性，并证明你的结论.

## B 组

1. 对数函数 $y=\log_a x(a>0,a\ne 1)$ 的定义域为_____，值域为_____.

2. 对数函数 $y=\log_a x(a>0,a\ne 1)$ 的图象过定点_____.

3. 比较下列对数函数值的大小：

(1) $y=\log_5 4.9, y=\log_5 5.1$；  (2) $y=\log_{\frac{1}{4}}\dfrac{3}{4}, y=\log_{\frac{1}{4}}1$.

4. 在同一直角坐标系内画出对数函数 $y=\log_4 x$ 和 $y=\log_{\frac{1}{4}} x$ 的图象，并根据图象说出它们有什么特征.

## 自 测 题 四

### A 卷

一、填空题

1. (1) $16^{\frac{3}{4}} =$ _____ ；　　(2) $27^{\frac{2}{3}} =$ _____ ；

(3) $\left(\dfrac{16}{81}\right)^{-\frac{1}{4}} =$ _____ ；　　(4) $\log_{\frac{1}{4}} \dfrac{1}{16} =$ _____ ；

(5) $\lg 0.0001 =$ _____ .

2. 指数函数 $y=\left(\dfrac{1}{3}\right)^x$ 的函数图象经过点 _____ ，该函数在定义域上是 _____ （填"增"或"减"）函数.

3. 对数函数 $y=\log_{\frac{1}{2}} x$ 的函数图象经过点 _____ ，该函数在定义域上是 _____ （填"增"或"减"）函数.

4. 把下列对数式与指数式互化：

(1) $\log_{\frac{1}{4}} 4 = -1$；　　(2) $\log_2 8 = 3$；

(3) $27^{\frac{2}{3}} = 9$；　　(4) $16^{\frac{1}{4}} = 2$.

二、选择题

5. 当 $a>1$ 时，函数 $y=a^{-x}$ 与 $y=\log_a x$ 的图象是　　　（　　）

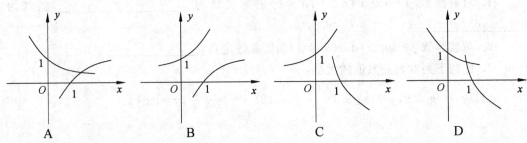

A　　　　　　B　　　　　　C　　　　　　D

6. 若 $a=\log_{0.2} 0.3$，$b=\log_{0.3} 0.2$，$c=1$，则 $a,b,c$ 的大小关系是　　　（　　）

A. $a>b>c$　　B. $b>a>c$　　C. $b>c>a$　　D. $c>b>a$

### 三、计算题

7. (1) 求 $\lg\dfrac{700}{9}+\lg\dfrac{9}{7}+\lg 1000$；

   (2) 已知 $\lg 2=0.3010$，求 $\lg 50$；

   (3) 求 $x$ 的值．

## B 卷

### 一、填空题

1. 若 $\log_a 1=0$，则 $a$ 需要满足的条件为 _____．

2. $(a^2 \cdot a^{-\frac{2}{5}})\div a^{\frac{3}{5}}=$ _____．

3. $\left(\dfrac{4}{9}\right)^{\frac{1}{2}}+(-2.1)^0+0.027^{-\frac{1}{3}}=$ _____．

4. 已知 $10^{2x}=25$，则 $10^{-x}=$ _____．

5. 若 $\left(\dfrac{1}{4}\right)^x=4\sqrt{2}$，则 $x=$ _____．

6. 已知 $\log_3\sqrt{x}=2$，则 $x=$ _____．

7. 函数 $y=\log_5(4-2x)$ 的定义域为 _____．

8. 函数 $y=\log_2(x-1)$ 的单调增区间为 _____．

### 二、选择题

9. 下列函数为幂函数的是 ( )

   A. $y=x^{-\frac{3}{2}}$  B. $y=5^x$  C. $y=(x-1)^2$  D. $y=-x^6$

10. 下列式子中正确的是 ( )

    A. $3^{-0.2}>0.2^{-3}$  B. $0.5^{0.4}>0.5^{0.3}$
    C. $0.6^{-5}>0.5^{-5}$  D. $\log_{0.5}0.2>\log_{0.2}0.5$

11. 定义域为 $\mathbf{R}$，且 $x\neq 0$ 的函数是 ( )

    A. $y=2^{-x}$  B. $y=x^{-1}$  C. $y=\lg x$  D. $y=2^x$

12. $\log_{\sqrt{2}+1}(\sqrt{2}-1)$ 的值为 ( )

    A. 1  B. $-1$  C. $\dfrac{1}{2}$  D. $-\dfrac{1}{2}$

13. 已知函数 $f(x)=\log_2\sqrt{\dfrac{9x+5}{2}}$，则 $f\left(\dfrac{1}{3}\right)$ 的值为 ( )

    A. 1  B. $\log_2\sqrt{7}$  C. $-1$  D. $-\log_2\sqrt{2}$

14. 设 $\log_3 4 \cdot \log_4 3 \cdot \log_3 m=\log_4 16$，则 $m$ 的值为 ( )

A. $\dfrac{9}{2}$　　　　B. 9　　　　C. 18　　　　D. 27

15. 已知 $x=3, y=4$，则 $x^{-2}+y^{-2}$ 的值为　　　　　　　　　　　　（　　）

A. 25　　　　B. 7　　　　C. $\dfrac{25}{144}$　　　　D. $\dfrac{5}{12}$

16. 函数 $y=3^x$ 与 $y=3^{-x}$ 的图象　　　　　　　　　　　　　　　（　　）

A. 关于原点对称　　　　　　　B. 关于 $x$ 轴对称
C. 关于直线 $y=x$ 对称　　　　D. 关于 $y$ 轴对称

三、解答题

17. 已知 $y=\log_{0.4}x$，求当 $x=\dfrac{4}{25}$ 时 $y$ 的值.

18. 解方程：$25^x-6(5^x)+5=0$.

19. 把下列各数用"<"连接起来：
$0.6^3, 3^{2.1}, 0.5^0, 0.6^{3.1}$.

20. 求函数 $y=\log_2(x^2-3x+2)$ 的定义域.

21. 已知 $3^a=3x, 3^b=3y$，求 $\log_9 xy$.

22. 某工厂 2001 年的产值是 60 万元，2006 年的产值为 100 万元，求平均每年的增长率.

# 第五章

# 三角函数

【主要内容】

1. 角的概念.

(1) 任意角.

正角：射线按_____时针方向绕顶点旋转形成的角.

负角：射线按_____时针方向绕顶点旋转形成的角.

零角：射线没有做任何旋转时的角.

(2) 始边、终边相同的角的表示.

与角 $\alpha$ 的始边、终边重合的角的全体为 $\{\beta|\beta=k\cdot360°+\alpha, 0°\leq\alpha<360°, k\in\mathbf{Z}\}$.

(3) 象限角和界限角.

顶点在直角坐标系的原点，始边与 $x$ 轴正半轴重合，其终边落在某象限的角按其终边所落象限不同，分别称为第一象限角、第二象限角、第三象限角、第四象限角；终边落在坐标轴上的角，称为_____角.

2. 度量角的弧度制.

1 弧度＝长等于半径的弧所对的圆心角.

$360°=2\pi$ rad，

$180°=\pi$ rad，

$1°=\dfrac{\pi}{180}$ rad $\approx 0.01745$ rad，

$1$ rad $=\dfrac{180°}{\pi}\approx 57.30°=57°18'$.

3. 任意角的三角函数.

(1) 任意角的三角函数的定义和定义域.

顶点在直角坐标系原点，始边与 $x$ 轴正半轴重合的角 $\alpha$，在其终边上任取一点 $P(x,y)$，$OP=r$，则三个量 $x, y, r$ 中每两者之比 $\dfrac{y}{r}, \dfrac{x}{r}, \dfrac{y}{x}$ 分别称为角 $\alpha$ 的正弦、余弦、正切，即

$\sin\alpha=\dfrac{y}{r}$, $\cos\alpha=\dfrac{x}{r}$, $\tan\alpha=\dfrac{y}{x}$.

(2) 三角函数的符号.

口诀：一全正、二正弦、三正切、四余弦.

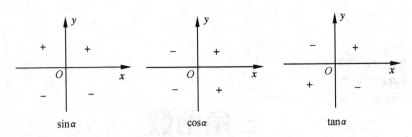

(3) 同角三角函数关系(基本恒等式).

平方关系：$\sin^2\alpha + \cos^2\alpha = 1$；商数关系：$\tan\alpha = \dfrac{\sin\alpha}{\cos\alpha}$.

诱导公式口诀：_____，_____.

4. 三角函数的图象与性质.

(1) 三角函数的基本特性.

周期性：正弦函数、余弦函数以 $2\pi$ 为周期，正切函数以 $\pi$ 为周期.

定义域为 **R**，值域为 $[-1,1]$.

(2) 三角函数的图象.

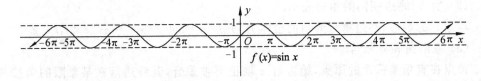

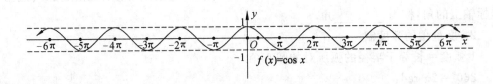

【学习要求】

1. 理解角的概念及弧度制，并能在角度制与弧度制之间进行转换.

2. 理解任意角的三角函数定义，熟记三角函数值在四个象限中的符号，能熟练确定三角函数值的符号.

3. 能熟记三角函数的基本恒等式，并运用恒等式解题.

【典型例题分析】

**例1** 把下列各角在角度制与弧度制之间互化：

(1) $150°$；　　　(2) $\dfrac{3\pi}{4}$.

**解** (1) $150° = 150 \times \dfrac{\pi}{180} = \dfrac{5\pi}{6}$；

(2) $\dfrac{3\pi}{4} = \dfrac{3\pi}{4} \times \dfrac{180°}{\pi} = 135°$.

**例 2** 将下列各角化成 $2k\pi + \alpha (0 \leqslant \alpha < 2\pi, k \in \mathbf{Z})$ 的形式：

(1) $\dfrac{17\pi}{6}$；　　　　　(2) $-300°$.

**解** (1) $\dfrac{17\pi}{6} = 2\pi + \dfrac{5\pi}{6}$；

(2) $-300° = -360° + 60° = -2\pi + \dfrac{\pi}{3}$.

**例 3** 已知角 $\alpha$ 终边上一点 $P(2,3)$，求角 $\alpha$ 的正弦、余弦、正切值.

**解** $\because x = 2, y = 3$,

$\therefore r = \sqrt{x^2 + y^2} = \sqrt{4+9} = \sqrt{13}$,

$\therefore \sin\alpha = \dfrac{y}{r} = \dfrac{3}{\sqrt{13}} = \dfrac{3\sqrt{13}}{13}$,

$\cos\alpha = \dfrac{x}{r} = \dfrac{2}{\sqrt{13}} = \dfrac{2\sqrt{13}}{13}$,

$\tan\alpha = \dfrac{y}{x} = \dfrac{3}{2}$.

**例 4** 已知 $\sin\alpha\tan\alpha > 0$，试确定角 $\alpha$ 所在的象限.

**解** 由题意可知，判断角 $\alpha$ 所在象限可分为两种情况：

(1) $\sin\alpha > 0$ 且 $\tan\alpha > 0$.

因为 $\sin\alpha > 0$，所以 $\alpha$ 是第一或者第二象限角，或者其终边在 $y$ 轴正半轴上，又因为 $\tan\alpha > 0$，所以 $\alpha$ 是第一或者第三象限角.

因此，角 $\alpha$ 是第一象限角.

(2) $\sin\alpha < 0$ 且 $\tan\alpha < 0$.

因为 $\sin\alpha < 0$，所以 $\alpha$ 是第三或者第四象限角，或者其终边在 $y$ 轴负半轴上，又因为 $\tan\alpha < 0$，所以 $\alpha$ 是第二或者第四象限角.

因此，角 $\alpha$ 是第四象限角.

综上所述，角 $\alpha$ 是第一或者第四象限角.

**例 5** 已知 $\sin\theta = \dfrac{3}{5}$，且 $\theta$ 是第二象限角，求 $\theta$ 角的余弦值和正切值.

**解** 因为 $\sin^2\theta + \cos^2\theta = 1$,

所以 $\cos\theta = \pm\sqrt{1-\sin^2\theta}$,

又 $\theta$ 是第二象限角，所以

$$\cos\theta = -\sqrt{1-\sin^2\theta} = -\sqrt{1-\left(\dfrac{3}{5}\right)^2} = -\dfrac{4}{5},$$

所以 $\tan\theta = \dfrac{\sin\theta}{\cos\theta} = \dfrac{\frac{3}{5}}{-\frac{4}{5}} = -\dfrac{3}{4}$.

**例6** 利用三角函数定义求 $\frac{\pi}{2}$ 有意义的三角函数值.

**解** 在 $\frac{\pi}{2}$ 角终边上取一点 $P(0,1)$,则有 $x=0, y=1, r=1$.

所以　$\sin\frac{\pi}{2}=\frac{y}{r}=1, \cos\frac{\pi}{2}=\frac{x}{r}=0,$

　　　$\tan\frac{\pi}{2}$ 不存在.

【课外习题】

## §5.1　角的概念推广及度量角的弧度制

### A 组

1. 写出与下列各角终边相同的角的集合:
   (1) $30°$;　　　　(2) $120°$;　　　　(3) $245°$.

2. 把下列各角写成 $k \cdot 360° + \alpha (0° \leqslant \alpha < 360°, k \in \mathbf{Z})$ 的形式,并判定它们分别是第几象限角:
   (1) $400°$;　　　　(2) $-700°$.

3. 填空:
   (1) $360°=$ ＿＿＿＿＿＿ rad;
   (2) $180°=$ ＿＿＿＿＿＿ rad;
   (3) $1°=$ ＿＿＿＿＿＿ rad;
   (4) 1 rad＝＿＿＿＿＿＿ ≈ ＿＿＿＿＿＿ ＝ ＿＿＿＿＿＿.

4. 把下列各角度制的角化成弧度制的角:
   (1) $60°$;　　　(2) $135°$;　　　(3) $-180°$;　　　(4) $-120°$.

5. 把下列各弧度制的角化成角度制的角：

(1) $\dfrac{\pi}{4}$；　　　(2) $\dfrac{5\pi}{6}$；　　　(3) $\dfrac{4\pi}{3}$；　　　(4) $-\dfrac{\pi}{3}$.

6. 已知圆的半径为 2 m，分别求 60°、3 rad 的圆心角所对的弧长.

### B 组

1. $-572°$ 是 （　　）

A. 第一象限角　　B. 第二象限角　　C. 第三象限角　　D. 第四象限角

2. 已知 $R$ 为圆的半径，弧长为 $\dfrac{3}{4}R$ 的圆弧所对的圆心角等于 （　　）

A. $135°$　　　B. $\dfrac{135°}{\pi}$　　　C. $145°$　　　D. $\dfrac{145°}{\pi}$

3. $\sin\left(-\dfrac{\pi}{4}\right) \cdot \cos\left(-\dfrac{59\pi}{11}\right)$ 的符号是_____.

4. 弧度制角与角度制角的互化：$-12.5°=$_____；$\dfrac{5\pi}{8}=$_____.

5. $46°=$_____$\pi$；$-135°=$_____$\pi$.

6. 有一圆的半径为 240 cm，圆上一条弧长为 4.8 m，问该弧所对的圆心角是多少弧度？多少度？

## §5.2 任意角的三角函数

### A 组

1. 根据三角函数的定义填空：

(1) $\sin\alpha=$_____；　(2) $\cos\alpha=$_____；　(3) $\tan\alpha=$_____.

2. 利用三角函数的定义求角 $\dfrac{3\pi}{2}$ 的有意义的三角函数值.

3. 确定下列各三角函数值的符号：

(1) $\sin\dfrac{2\pi}{3}$；  (2) $\cos(-125°)$；

(3) $\tan\left(-\dfrac{7\pi}{4}\right)$.

4. 根据 $\sin\alpha<0$，且 $\tan\alpha<0$，确定 $\alpha$ 角所在的象限．

5. 已知 $\sin\alpha\cdot\cos\alpha>0$，试确定 $\alpha$ 角所在的象限．

## B 组

1. 已知角 $\alpha$ 的终边过点 $P(3,4)$，则 $\sin\alpha+\cos\alpha+\tan\alpha$ 的值为 (　　)

A. $\dfrac{43}{20}$　　B. $\dfrac{23}{20}$　　C. $\dfrac{7}{4}$　　D. $\dfrac{41}{15}$

2. 已知 $\sin\theta<0,\tan\theta>0$，则 $\theta$ 是第_____象限角．

3. 利用三角函数的定义求角 $-\dfrac{\pi}{2}$ 的有意义的三角函数值．

4. 确定下列各三角函数值的符号：

(1) $\sin1158°$；  (2) $\cos\left(-\dfrac{11\pi}{7}\right)$；

(3) $\tan(-2010°)$.

5. 已知 $\sin\alpha\tan\alpha<0$，试确定角 $\alpha$ 所在的象限.

6. 求下列各式的值：
(1) $6\sin 180°-7\cos 0°+4\sin 90°-3\cos 90°$；

(2) $a\tan 0+b\cos\dfrac{\pi}{2}-c\sin\pi-d\cos\dfrac{3\pi}{2}-e\sin 2\pi$.

7. 设 $\alpha$ 是第一象限的角，问 $\dfrac{\alpha}{2}$ 和 $2\alpha$ 是第几象限的角？

## §5.3 同角三角函数的基本公式

### A 组

1. 已知 $\cos\alpha=-\dfrac{1}{2}$，且 $\alpha$ 是第二象限角，求角 $\alpha$ 的正弦值和正切值.

2. 已知 $\sin\alpha=-\dfrac{1}{2}$，且 $\alpha$ 是第三象限角，求角 $\alpha$ 的余弦值和正切值.

### B 组

1. 已知 $\cos\alpha=\dfrac{5}{13}$，$\sin\alpha>0$，则 $\sin\alpha=$ _____.
2. 已知 $\cos\alpha=\dfrac{1}{3}$，且 $\alpha$ 在第四象限，则 $\tan\alpha=$ _____.
3. 若 $\tan\alpha=\dfrac{3}{4}$，且 $\alpha$ 为第三象限角，则 $\sin\alpha=$ _____.
4. 设 $\tan\alpha=2$ 且 $\sin\alpha<0$，则 $\cos\alpha$ 的值为 （　　）

A. $\dfrac{\sqrt{5}}{5}$    B. $-\dfrac{1}{5}$    C. $-\dfrac{\sqrt{5}}{5}$    D. $\dfrac{1}{5}$

5. 已知 $\tan\alpha = -\dfrac{15}{8}$，求 $\alpha$ 的正弦值和余弦值.

## §5.4 正弦、余弦、正切函数的负角公式和诱导公式

### A 组

1. 求下列三角函数值：

   (1) $\sin\left(-\dfrac{\pi}{4}\right)$；  (2) $\sin\left(\pi+\dfrac{\pi}{6}\right)$；  (3) $\cos\left(-\dfrac{\pi}{3}\right)$；

   (4) $\cos\left(\dfrac{\pi}{2}+\dfrac{\pi}{4}\right)$；  (5) $\tan\left(-\dfrac{2\pi}{3}\right)$；  (6) $\tan\left(\pi-\dfrac{\pi}{6}\right)$.

2. 化简：$\dfrac{\sin(\alpha-\pi)\cos(2\pi-\alpha)}{\tan(\alpha-\pi)\cos(-\alpha-2\pi)}$.

3. 求下列各三角函数值：

   (1) $\sin\dfrac{7\pi}{4}$；  (2) $\tan 1560°$；  (3) $\cos\dfrac{7\pi}{3}$.

### B 组

1. 已知 $\cos\theta = -\dfrac{3}{5}$（$\dfrac{\pi}{2} < \theta < \pi$），则 $\sin\left(\theta+\dfrac{\pi}{3}\right)$ 等于 (　　)

   A. $\dfrac{-4-3\sqrt{3}}{10}$　　B. $\dfrac{4-3\sqrt{3}}{10}$　　C. $\dfrac{-4+3\sqrt{3}}{10}$　　D. $\dfrac{4+3\sqrt{3}}{10}$

2. 已知 $\alpha$ 为钝角，$\beta$ 为锐角，且 $\sin\alpha = \dfrac{4}{5}$，$\sin\beta = \dfrac{12}{13}$，则 $\cos(\alpha-\beta)$ 的值为 (　　)

   A. 7　　B. $-7$　　C. $-\dfrac{33}{65}$　　D. $\dfrac{33}{65}$

3. 在 $\triangle ABC$ 中，已知 $\cos A = \dfrac{3}{5}$，$\cos B = \dfrac{5}{13}$，那么，$\cos C$ 的值为 (　　)

A. $\dfrac{65}{33}$    B. $-\dfrac{65}{33}$    C. $\dfrac{33}{65}$    D. $-\dfrac{33}{65}$

4. 计算：

(1) $\cos\left(-\dfrac{31\pi}{4}\right)$;

(2) $\sin\left(\pi+\dfrac{4\pi}{3}\right)$;

(3) $\tan(-840°)$.

## §5.5 三角函数的图象与性质

### A 组

1. 填空：

(1) 正弦函数的定义域为_____，周期为_____．

(2) 余弦函数的值域为_____．

(3) $y=\sin\alpha$ 为_____函数，其图象关于_____对称；

$y=\cos\alpha$ 为_____函数，其图象关于_____对称．

2. 求下列函数的最大值和最小值：

(1) $y=\sin x+1$;

(2) $y=2\cos x-2$;

(3) $y=2\sin x+3$;

(4) $y=\cos 2x+1$.

3. 作下列函数的简图：

(1) $y=\sin x, x\in[0,2\pi]$;

(2) $y=2\sin x, x\in[0,2\pi]$;

(3) $y=\cos x-1$.

## B 组

1. 已知函数 $y = a\sin x - b\,(a<0)$ 的最大值为 2，最小值为 1，则 $a =$ _____，$b =$ _____．

2. 已知 $f(x) = ax + b\sin x - 1$，且 $f(3) = 8$，则 $f(-3) =$ _____．

3. 利用函数的性质，比较下列各值的大小：

(1) $\sin\left(-\dfrac{\pi}{18}\right)$ 与 $\sin\left(-\dfrac{\pi}{10}\right)$；

(2) $\sin\left(-\dfrac{54\pi}{7}\right)$ 与 $\sin\left(-\dfrac{63\pi}{8}\right)$．

4. 已知 $\sin\beta = a^2 + 2a + 1$，求 $a$ 的取值范围．

5. 化简：$\sqrt{\dfrac{1+\sin\alpha}{1-\sin\alpha}} - \sqrt{\dfrac{1-\sin\alpha}{1+\sin\alpha}}$ $\left(\dfrac{\pi}{2} < \alpha < \pi\right)$．

6. 化简：$\sqrt{\dfrac{1-\cos\alpha}{1+\cos\alpha}} - \sqrt{\dfrac{1+\cos\alpha}{1-\cos\alpha}}$ $\left(\pi < \alpha < \dfrac{3\pi}{2}\right)$．

7. 已知 $\cos\theta = \dfrac{2}{4-a}$，求 $a$ 的取值范围．

8. 证明：$\sin^2\theta \cdot \tan\theta + \cos^2\theta \cdot \cot\theta + 2\sin\theta\cos\theta = \tan\theta + \cot\theta$.

9. 已知下列三角函数值，求分别以角度制和弧度制表示的角 $x$（弧度保留 4 个有效数字，角度精确到分）：

(1) $\sin x = -0.939$；　　　　(2) $\cos x = 0.775$；

(3) $\tan x = -0.4541$；　　　　(4) $\tan x = -10.0000$.

10. 求满足下列等式的 $x$ 的集合：

(1) $\sin x = -\dfrac{\sqrt{3}}{2}$；　　(2) $\cos x = \dfrac{\sqrt{2}}{2}$；　　(3) $\tan x = -1$.

11. 求满足下列条件的 $x$ 的集合：

(1) $\sin x = -\dfrac{1}{2}, x \in [0, 2\pi]$；　　(2) $\cos x = \dfrac{\sqrt{3}}{2}, x \in [-2\pi, 0]$；

(3) $\tan x = \dfrac{\sqrt{3}}{3}, x \in [3\pi, 5\pi]$.

# 自测题五

## A 卷

### 一、选择题

1. 与 60°角终边相同的角是 ( )

   A. 90°    B. 120°    C. 420°    D. $\dfrac{\pi}{4}$

2. 下列各角中是第二象限角的是 ( )

   A. 30°    B. 120°    C. 420°    D. $\dfrac{7\pi}{6}$

3. $\dfrac{3\pi}{4}$ 化为角度为 ( )

   A. 30°    B. 135°    C. 420°    D. $\dfrac{\pi}{4}$

4. 45°化为弧度为 ( )

   A. $\dfrac{\pi}{3}$    B. $\dfrac{\pi}{6}$    C. $\dfrac{\pi}{4}$    D. $\dfrac{\pi}{2}$

### 二、填空题

5. 1 rad≈_____°；180°=_____ rad.

6. sin30°=_____；cos45°=_____.

7. 与 $\dfrac{5\pi}{6}$ 终边相同的角的集合是_____.

8. 已知 $\tan\alpha=\sqrt{3}$ （0°≤α<180°），则 α=_____.

9. 已知 $y=\cos\alpha$ 为偶函数，其图象关于_____轴对称.

### 三、简答题

10. 确定下列各三角函数值的符号：

    (1) $\sin\left(-\dfrac{3\pi}{4}\right)$；

    (2) $\cos 361°$；

    (3) $\tan(-725°)$；

    (4) $\cos\dfrac{13\pi}{6}$.

11. 求下列各式中的 $x$:

(1) $\sin x = 0.8675 \, (-90° \leqslant x \leqslant 90°)$;

(2) $\cos x = -0.9018 \, (0° \leqslant x \leqslant 180°)$;

(3) $\sin x = -\dfrac{\sqrt{2}}{2} \, (-90° \leqslant x \leqslant 90°)$;

(4) $\cos x = -\dfrac{1}{2} \, (0° \leqslant x \leqslant 180°)$;

(5) $\tan x = 3.415 \, (-90° < x < 90°)$.

12. 已知点 $P(-2,1)$ 在角 $\alpha$ 的终边上,求角 $\alpha$ 的正弦、余弦、正切值.

13. 已知 $\cos \alpha = -\dfrac{1}{2}$,且 $\alpha$ 为第三象限角,求角 $\alpha$ 的正弦值和正切值.

14. 化简:

(1) $\dfrac{\sin(\alpha-2\pi)\cos(\pi+\alpha)}{\tan(\alpha-\pi)\cos(-\alpha-2\pi)}$;

(2) $\dfrac{\sin\left(\dfrac{\pi}{2}+\alpha\right)\tan(5\pi-\alpha)}{\cos(4\pi-\alpha)\sin(\pi-\alpha)}$.

15. 用五点法作函数 $y=-2\sin x,x\in[0,2\pi]$ 的简图.

| $x$ | 0 | $\dfrac{\pi}{2}$ | $\pi$ | $\dfrac{3\pi}{2}$ | $\pi$ |
|---|---|---|---|---|---|
| $y=2\sin x$ | | | | | |

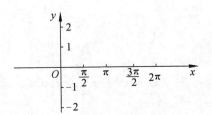

## B 卷

一、选择题

1. 下列说法中正确的是 （　　）
   A. 第一象限的角是锐角  B. 锐角是第一象限的角
   C. 小于 90°的角是锐角  D. 第一象限的角不可能是负角

2. 如果 $0°<\alpha<\beta<180°$,则必有 （　　）
   A. $\cos\alpha<\cos\beta$  B. $\cos\alpha>\cos\beta$
   C. $\tan\alpha<\tan\beta$  D. $\tan\alpha>\tan\beta$

3. 使 $\cos x$ 为增函数,$\sin x$ 为减函数的区间是 （　　）
   A. $\left[2k\pi,2k\pi+\dfrac{\pi}{2}\right],k\in\mathbf{Z}$  B. $\left[2k\pi+\dfrac{\pi}{2},2k\pi+\pi\right],k\in\mathbf{Z}$
   C. $\left[2k\pi-\pi,2k\pi-\dfrac{\pi}{2}\right],k\in\mathbf{Z}$  D. $\left[2k\pi-\dfrac{\pi}{2},2k\pi\right],k\in\mathbf{Z}$

4. 函数 $y=\sqrt{\cos x}$ 的定义域是 （　　）
   A. $\left[2k\pi,2k\pi+\dfrac{\pi}{2}\right],k\in\mathbf{Z}$  B. $\left[2k\pi-\dfrac{\pi}{2},2k\pi\right],k\in\mathbf{Z}$
   C. $\left[2k\pi-\dfrac{\pi}{2},2k\pi+\dfrac{\pi}{2}\right],k\in\mathbf{Z}$  D. $\left[2k\pi+\dfrac{\pi}{2},2k\pi+\dfrac{3\pi}{2}\right],k\in\mathbf{Z}$

5. 若 $\alpha\in\left(\dfrac{\pi}{4},\dfrac{\pi}{2}\right)$,则 $\sin\alpha,\cos\alpha,\tan\alpha$ 的大小顺序是 （　　）
   A. $\sin\alpha>\cos\alpha>\tan\alpha$  B. $\tan\alpha>\cos\alpha>\sin\alpha$
   C. $\cos\alpha>\tan\alpha>\sin\alpha$  D. $\tan\alpha>\sin\alpha>\cos\alpha$

二、填空题

6. 使 $\sin x=2a-3$ 有意义的 $a$ 的取值范围是 ＿＿＿＿＿＿＿＿．

7. 若 $\alpha$ 是第三象限的角,则 $\sin\alpha\cdot\tan\alpha$ ＿＿＿＿＿ 0.（用">"或"<"填空）

8. 第三象限角的集合为 ＿＿＿＿＿＿＿＿．

9. 根据 $y=\sin x$ 的图象,使 $\sin x > \dfrac{1}{2}$ 的 $x$ 的集合是_____.

10. 函数 $y=4-2\sin x$,当 $x=$_____时,$y$ 取得最小值_____.

三、解答题

11. 角 $\alpha$ 的顶点在原点,始边为 $x$ 轴正方向,终边在直线 $2x+y=0$ 上,且 $\alpha$ 是第二象限角,求 $\sin\alpha$,$\tan\alpha$ 的值.

12. 把 $1230°$,$-3290°$ 写成 $k\cdot 360°+\alpha$(其中 $0\leqslant\alpha\leqslant 360°$,$k\in\mathbf{Z}$)的形式,并确定它们所在的象限.

13. 化简:$\sqrt{1-2\sin\dfrac{\alpha}{2}\cos\dfrac{\alpha}{2}}+\sqrt{1+2\sin\dfrac{\alpha}{2}\cos\dfrac{\alpha}{2}}$ $(0<\alpha<\dfrac{\pi}{2})$.

14. 证明恒等式 $\dfrac{\tan\alpha+\sec\alpha-1}{\tan\alpha-\sec\alpha+1}=\dfrac{1+\sin\alpha}{\cos\alpha}$(提示:$\sec\alpha=\dfrac{1}{\cos\alpha}$).

# 参考答案

## 第一章 集 合

### §1.1 集合及其表示

**A 组**

1. (1) $\in$；(2) $\in$；(3) $\notin$；(4) $\notin$；(5) $\notin$；(6) $\notin$；(7) $\notin$；(8) $\in$；(9) $\in$；(10) $\notin$；(11) $\in$；(12) $\in$；(13) $\notin$；(14) $\in$；(15) $\notin$；(16) $\in$.

2. (1) $\{-9,-7,-5,-3,-1,1,3,5,7,9\}$；(2)、(3) 略.

3. (1) $\{x|x \geqslant -4,$ 且 $x$ 为奇数$\}$；(2) $\{x|x^2-4x-5=0,x>0\}$；(3) $\{x|x^2=1\}$.

**B 组**

1. (1) D；(2) C；(3) B；(4) A；(5) C；(6) D；(7) A.

2. (1) $\{0,1,2,3,4\}$；(2) $\{-4,-1,2\}$.

### §1.2 集合之间的关系

**A 组**

1. (1) $\subsetneqq$；(2) $\subsetneqq$；(3) $\subsetneqq$；(4) $=$；(5) $\subsetneqq$；(6) $\supsetneqq$；(7) $\subsetneqq$；(8) $\supsetneqq$；(9) $=$；(10) $=$；(11) $\subsetneqq$；(12) $\subsetneqq$；(13) $\supsetneqq$；(14) $\subsetneqq$.

2. ④.

3. $\varnothing,\{2\}$.

4. $\because \Omega=\{0,1,2,3,4,5,6,7,8\}$,

   $\therefore \complement_\Omega A=\{0,1,2,6,7,8\}$, $\complement_\Omega B=\{0,1,2,3,5,6\}$.

5. 集合 $A$ 的非空真子集是：$\{1\},\{2\},\{5\},\{1,2\},\{1,5\},\{2,5\}$；集合 $A$ 的非空子集是：$\{1\},\{2\},\{5\},\{1,2\},\{1,5\},\{2,5\},\{1,2,5\}$.

**B 组**

1. $\{a|a \geqslant 2\}$.

2. $\{0,1,3,5,7,8\},\{7,8\},\{0,1,3,5\}$.

3. 6.

4. $\because N \subseteq M$,

   $\therefore m^2=4$ ①，或 $m^2=m$ ②.

   解①得 $m=\pm 2$；

   解②得 $m=1$ 或 $0$.

   根据已知条件，$m \neq 1$,

所以 $m=-2$ 或 $0$ 或 $2$.

由此,$M=\{1,4,-2\}$,$N=\{1,4\}$,

或 $M=\{1,4,0\}$,$N=\{1,0\}$,

或 $M=\{1,4,2\}$,$N=\{1,4\}$.

5. (1) $A \supsetneq B$;(2) $A \supsetneq B$;(3) $A \supsetneq B$.

6. (1) $A \subsetneq B$;(2) $A \supsetneq B$;(3) $A=B$.

### §1.3 集合的运算

**A 组**

1. (1) $\{5,6,8\}$;(2) $\{4\}$;(3) $\{菱形\}$;(4) $\{会飞的雌鸟\}$;(5) $\{5,6,7,8,9,10\}$;
   (6) $\{1,2,3,4,5,6,7\}$;(7) $\{平行四边形\}$;(8) $\{鸟\}$.

2. $\{1,2\}$.

3. $\{2\}$.

4. $A \cup B=\{x \mid -1<x<3\}$,$A \cap B=\{x \mid 1<x<2\}$.

5. $A \cup B=\{x \mid x>-2\}$,$A \cap B=\{x \mid x \geqslant 3\}$.

**B 组**

1. (1) $\supseteq$;(2) $\subseteq$;(3) $\subseteq$;(4) $\subseteq$;(5) $\supseteq$;(6) $\subseteq$.

2. $\{1\}$.

3. 12.

4. ②③④.

5. 由题意得 $\begin{cases} 3x-5y=-2, \\ 2x+7y=40, \end{cases}$ 解得 $\begin{cases} x=6, \\ y=4, \end{cases}$ 所以 $A \cap B=\{(6,4)\}$.

6. 因为 $A \cap B=\{-3\}$,所以 $a-3=-3$ 或 $a-2=-3$,解得 $a=0$ 或 $a=-1$.
   当 $a=0$ 时,得 $A=\{0,1,-3\}$,$B=\{-3,-2,1\}$,这与 $A \cap B=\{-3\}$ 不符,所以 $a \neq 0$.
   当 $a=-1$ 时,得 $A=\{1,0,-3\}$,$B=\{-4,-3,2\}$,满足 $A \cap B=\{-3\}$.
   所以 $A \cup B=\{-4,-3,0,1,2\}$.

### §1.4 充分必要条件

**A 组**

1. (1) $\Rightarrow$;(2) $\Leftarrow$;(3) $\Rightarrow$;(4) $\Leftarrow$;(5) $\Leftrightarrow$;(6) $\Leftrightarrow$.

2. (1) $p$ 是 $q$ 的充分不必要条件;
   (2) $p$ 是 $q$ 的充分不必要条件;
   (3) $p$ 是 $q$ 的必要不充分条件;
   (4) $p$ 是 $q$ 的必要不充分条件.

**B 组**

1. (1) ∵ $x=\sqrt{3x+4} \Rightarrow x^2=3x+4$,而 $x^2=3x+4 \not\Rightarrow x=\sqrt{3x+4}$,
   ∴ $A$ 是 $B$ 的必要不充分条件.
   (2) ∵ $x-3=0 \Rightarrow (x-3)(x-4)=0$,而 $(x-3)(x-4)=0 \not\Rightarrow x-3=0$,
   ∴ $A$ 是 $B$ 的充分不必要条件.

(3) ∵ $b^2-4ac\geq 0(a\neq 0)\Rightarrow ax^2+bx+c=0(a\neq 0)$ 有实根,同时 $ax^2+bx+c=0(a\neq 0)$ 有实根 $\Rightarrow b^2-4ac\geq 0(a\neq 0)$,

∴ $A$ 是 $B$ 的充要条件.

(4) ∵ $x=1$ 是 $ax^2+bx+c=0(a\neq 0)$ 的一个根 $\Rightarrow a+b+c=0$,而 $a+b+c=0\Rightarrow x=1$ 是 $ax^2+bx+c=0(a\neq 0)$ 的一个根,

∴ $A$ 是 $B$ 的充分不必要条件.

(5) ∵ $ac^2>bc^2\Rightarrow a>b$,而 $a>b\Rightarrow ac^2>bc^2$,

∴ $A$ 是 $B$ 的必要不充分条件.

(6) ∵ $a>b\Rightarrow a+c>b+c$,同时 $a+c>b+c\Rightarrow a>b$,

∴ $A$ 是 $B$ 的充要条件.

2. C.

## 自测题一

**A 卷**

**一、填空题**

1. (1) ∈;(2) ∈;(3) ∉;(4) ∈;(5) ∉;(6) ∉.
2. $\complement_M(M\cap N)$(或 $M-N$).
3. 0.
4. **R**.
5. {直角三角形或锐角三角形}.
6. {1,2,6},{1,2,3,5,6,7,8}.

**二、选择题**

7. A.　8. D.　9. B.　10. D.　11. A.　12. C.　13. D.　14. D.　15. D.

**三、解答题**

16. ∵ $m\in \mathbf{Z}$,$|m|<3$,

∴ $m=\pm 2$ 或 $\pm 1$ 或 0.

又 ∵ $n\in \mathbf{N}^*$,$n\leq 3$,

∴ $n=1$ 或 2 或 3.

∴ $A=\left\{x\mid x=\dfrac{m}{n}\right\}=\left\{2,-2,1,-1,0,\dfrac{1}{2},-\dfrac{1}{2},\dfrac{1}{3},-\dfrac{1}{3},\dfrac{2}{3},-\dfrac{2}{3}\right\}$.

17. ∵ $A\subseteq B$,$A\subseteq C$,

∴ $A\subseteq (B\cap C)$.

又 ∵ $B=\{1,2,3,4,5\}$,$C=\{0,2,4,8\}$,

∴ $B\cap C=\{2,4\}$,

∴ $A\subseteq \{2,4\}$,

∴ $A=\{2,4\}$ 或 $\{2\}$ 或 $\{4\}$ 或 $\varnothing$.

18. ∵ $A=B$,$A=\{x,xy,x+y\}$,$B=\{0,|x|,y\}$,

显然 $x\neq 0, y\neq 0$, 只能 $x+y=0$.

∴ $A=\{x, xy, 0\}$, $B=\{0, |x|, y\}$.

若 $\begin{cases} x=|x|, \\ xy=y, \end{cases}$ 则 $\begin{cases} y=-1, \\ x=1. \end{cases}$

此时 $A=\{1,-1,0\}$, $B=\{0,1,-1\}$, 符合题意.

若 $\begin{cases} x=y, \\ xy=|x|, \end{cases}$ 则与 $x\neq 0, y\neq 0, x+y=0$ 矛盾.

∴ $x=1, y=-1$ 为所求.

19. ∵ $A\cap B=\{9\}$, $A=\{-4, 22a-1, a^2\}$, $B=\{a-5, 1-a, 9\}$,

∴ $a^2=9$ 或 $22a-1=9$.

若 $a^2=9$, 则 $a=\pm 3$.

当 $a=3$ 时, $A=\{-4, 65, 9\}$, $B=\{-2,-2,9\}$, 显然不成立;

当 $a=-3$ 时, $A=\{-4,-67,9\}$, $B=\{-8,4,9\}$, 符合题意.

若 $22a-1=9$, 则 $a=\dfrac{5}{11}$.

此时 $A=\left\{-4, 9, \dfrac{25}{121}\right\}$, $B=\left\{-\dfrac{50}{11}, \dfrac{16}{11}, 9\right\}$, 符合题意.

∴ $a=\dfrac{5}{11}$ 或 $a=-3$.

**B卷**

一、填空题

1. (1) $\{-3,-2,-1,0,1,2,3\}$; (2) $\{(x,y)\mid xy<0\}$.

2. (1) $\notin$; (2) $\in$; (3) $\in$; (4) $\in$; (5) $\notin$; (6) $\in$.

3. $\{1,3,5\}, \{3,5\}, \{1,5\}, \{5\}$.

4. 2 或 3.

5. $\{2,6\}$.

6. 0 或 1.

7. 7.

8. 3.

9. $A=B$.

10. $\left\{-1, \dfrac{2}{3}\right\}$.

二、选择题

11. C. 12. B. 13. B. 14. B. 15. D. 16. D. 17. B. 18. C. 19. A.

三、解答题

20. 由题意得

$\begin{cases} 2\times\left(\dfrac{1}{2}\right)^2-\dfrac{1}{2}p+q=0, \\ 6\times\left(\dfrac{1}{2}\right)^2+\dfrac{1}{2}(p+2)+5+q=0, \end{cases}$

解得 $\begin{cases} p=-7, \\ q=-4. \end{cases}$

∴ $A=\left\{\dfrac{1}{2},-4\right\}$, $B=\left\{\dfrac{1}{2},\dfrac{1}{3}\right\}$,

∴ $A\cup B=\left\{-4,\dfrac{1}{2},\dfrac{1}{3}\right\}$.

21. 同时参加田赛和球类比赛的有 3 人,只参加径赛的同学有 9 人.

## 第二章 不 等 式

### §2.1 不等式的性质

**A 组**

1. (1) 同一个数;(2) 同一个正数;(3) 同一个负数;(4) <,<;(5) <,<;(6) >,>.

2. (1) $-8<-5$;(2) $0>-15$;(3) $-3>-4$;(4) $-8a<-8b$.

3. B.

4. A.

5. D.

6. (1) 因为 $\dfrac{3}{8}-\dfrac{2}{7}=\dfrac{21-16}{56}=\dfrac{5}{56}>0$,所以 $\dfrac{3}{8}>\dfrac{2}{7}$;

(2) 因为 $-\dfrac{5}{6}-\left(-\dfrac{6}{7}\right)=-\dfrac{5}{6}+\dfrac{6}{7}=\dfrac{36-35}{42}=\dfrac{1}{42}>0$,所以 $-\dfrac{5}{6}>-\dfrac{6}{7}$;

(3) 因为 $(a-1)^2-(a^2-2a)=1>0$,所以 $(a-1)^2>a^2-2a$;

(4) 因为 $(x-4)(x-2)-(x-3)^2=-1<0$,所以 $(x-4)(x-2)<(x-3)^2$.

**B 组**

1. (1) ×;(2) ×;(3) √;(4) ×;(5) √.

2. C.

3. 设小明的体重是 $x$ kg,那么妈妈的体重是 $2x$ kg,由于爸爸那端着地,说明爸爸比小明与妈妈要重,还说明爸爸的体重占三人总体重的一半以上,而小明和妈妈的体重不足他们三人总体重的一半.由此,得 $x+2x<\dfrac{150}{2}$,$3x<75$,$x<25$.

4. 因为 $(a^2-3a+7)-(-3a+2)=a^2-3a+7+3a-2=a^2+5$,$a^2\geqslant 0$,所以 $a^2+5>0$,所以 $a^2-3a+7>-3a+2$.

### §2.2 数集的区间表示

**A 组**

1. B.

2. (1) $[-1,3]$;      (2) $(0,3)$;      (3) $(1,3]$;
   (4) $(-\infty,2)$;      (5) $[-3,+\infty)$.(在数轴上表示略)

3. (1) $-2\leqslant x\leqslant 3$;(2) $-3<x\leqslant 4$;(3) $x\leqslant -2$;(4) $x>2$.

4. (1) $A \cup B = (-5, 5)$; (2) $A \cap B = [-2, 0]$. (作图略)

**B 组**

1. $(-\infty, -3) \cup [6, 9)$.

2. (1) $(-\infty, 4)$; (2) $(-\infty, 0)$; (3) $(0, +\infty)$; (4) $(-\infty, 5)$.

3. (1) $A \cup B = \mathbf{R}$; (2) $A \cap B = (-2, 2]$.

## §2.3 几类不等式的解法

**A 组**

1. (1) $(-\infty, 3]$;     (2) $(8, +\infty)$;     (3) $(-\infty, -3]$;
   (4) $(-2, 1)$;     (5) $(-6, 6)$;     (6) $(-\infty, -2) \cup (2, +\infty)$.

2. (1) 解不等式(1)得 $x \leqslant 1$,
   解不等式(2)得 $x > 8$,
   所以原不等式组的解集为 $\varnothing$.
   
   (2) 解不等式(1)得 $x \geqslant -12$,
   解不等式(2)得 $x < -5$,
   所以原不等式组的解集为 $[-12, -5)$.
   
   (3) 解不等式(1)得 $-3x < 6$,即 $x > -2$,
   解不等式(2)得 $2x + 1 \geqslant 3x - 3$,即 $x \leqslant 4$.
   所以原不等式组的解集为 $(-2, 4]$.

3. (1) 原不等式即 $|x| \geqslant 2$,等价于 $x \leqslant -2$ 或 $x \geqslant 2$,因此原不等式的解集是 $(-\infty, -2] \cup [2, +\infty)$.
   
   (2) 原不等式等价于 $-5 \leqslant x - 1 \leqslant 5$,即 $-4 \leqslant x \leqslant 6$,因此原不等式的解集是 $[-4, 6]$.
   
   (3) 原不等式等价于 $-5 < 2x - 5 < 5$,即 $0 < 2x < 10$,所以 $0 < x < 5$. 因此原不等式的解集是 $(0, 5)$.
   
   (4) 原不等式即 $|x + 1| < 2$,等价于 $-2 < x + 1 < 2$,即 $-3 < x < 1$. 因此原不等式的解集是 $(-3, 1)$.

4. (1) 原不等式的解集为 $(-2, 1)$.
   
   (2) 原不等式的解集为 $(-\infty, -2] \cup [3, +\infty)$.
   
   (3) 原不等式可化为 $x^2 - x - 6 \leqslant 0$, $(x-3)(x+2) \leqslant 0$,所以,原不等式的解集为 $[-2, 3]$.
   
   (4) 原不等式可化为 $x^2 - 8x + 12 \geqslant 0$, $(x-2)(x-6) \geqslant 0$,所以 $x \leqslant 2$ 或 $x \geqslant 6$,所以,原不等式的解集为 $(-\infty, 2] \cup [6, +\infty)$.
   
   (5) 原不等式可化为 $(x-2)(x+2) > 0$,所以,原不等式的解集为 $(-\infty, -2) \cup (2, +\infty)$.
   
   (6) 原不等式可化为 $(x-3)^2 < 0$,所以,原不等式的解集为 $\varnothing$.
   
   (7) 原不等式可化为 $(x+2)^2 + 1 > 0$,
   上式对 $x \in \mathbf{R}$ 恒成立,所以原不等式的解集为 $\mathbf{R}$.

5. $A=\{x|x^2-4>0\}=\{x|(x+2)(x-2)>0\}=\{x|x<-2$ 或 $x>2\}$,
$B=\{x|x^2-2x-3>0\}=\{x|(x-3)(x+1)>0\}=\{x|x<-1$ 或 $x>3\}$,
画图可得 $A\cup B=\{x|x<-1$ 或 $x>2\}$, $A\cap B=\{x|x<-2$ 或 $x>3\}$.

**B组**

1. C.
2. D.
3. A.
4. D.
5. $\{0,1,2\}$.
6. $\{x|x<-1$ 或 $x>4\}$. 提示:原不等式可转化为(1)$x^2-3x>4$ 或 (2)$x^2-3x<-4$ 两个一元二次不等式. 由不等式(1)可解得 $x<-1$ 或 $x>4$, 不等式(2)的解集为 $\varnothing$. 所以原不等式的解集为 $\{x|x<-1$ 或 $x>4\}$.
7. 由题意有 $3-2x-x^2>0$, $x^2+2x-3<0$, $(x+3)(x-1)<0$, $-3<x<1$, 所以函数的定义域为 $(-3,1)$.
8. 由已知得 $x_1=-\dfrac{1}{2}, x_2=\dfrac{1}{3}$ 是方程 $x^2+px+q=0$ 的两根. 于是
$\begin{cases}-p=-\dfrac{1}{2}+\dfrac{1}{3},\\ q=\left(-\dfrac{1}{2}\right)\times\dfrac{1}{3}.\end{cases}\Rightarrow\begin{cases}p=\dfrac{1}{6},\\ q=-\dfrac{1}{6}.\end{cases}$
所以不等式 $qx^2+px+1>0$ 即为 $x^2-x-6<0$, 其解集为 $\{x|-2<x<3\}$.
9. 原不等式化为 $x^2-5ax+6a^2<0$, $(x-2a)(x-3a)<0$.
当 $a>0$ 时, $2a<3a$, 不等式的解集为 $\{x|2a<x<3a\}$;
当 $a=0$ 时, $2a=3a=0$, 不等式无解;
当 $a<0$ 时, $2a>3a$, 不等式的解集为 $\{x|3a<x<2a\}$.

## 自测题二

**A卷**

**一、填空题**

1. (1) $>$; (2) $>$; (3) $>$; (4) $<$; (5) $<$; (6) $<$.
2. $<$.
3. $<$.
4. (1) $-4\leqslant x\leqslant 0$; (2) $-8<x\leqslant 7$; (3) $x\leqslant 2$; (4) $x>1$.
5. (1) $(-2,0)$; (2) $[6,9)$; (3) $(-3,+\infty)$; (4) $(-\infty,1]$.
6. $(-\infty,-3)$.
7. $(-2,3)$.
8. $(-3,3)$.

## 二、选择题

9. B.  10. B.  11. D.  12. A.  13. D.  14. A.  15. A.  16. B.

## 三、解答题

17. 解法1：∵ $x>0$,

    ∴ $x+3x>3x$,

    ∴ $4x>3x$, 即 $3x<4x$.

    解法2：∵ $3<4, x>0$, ∴ $3x<4x$.

    解法3：∵ $3x-4x=-x, x>0$,

    ∴ $3x-4x<0$,

    ∴ $3x<4x$.

18. (1) 原不等式两边同乘以6，得

    $$12(x+1)+2(x-2)<21x-6,$$
    $$14x+8<21x-6,$$

    移项整理，得 $-7x<-14$,

    两边同乘以 $\left(-\dfrac{1}{7}\right)$，得 $x>2$,

    所以原不等式的解集为 $\{x|x>2\}$.

    (2) 解不等式(1)得 $x<1$,

    解不等式(2)得 $x\geqslant -1$,

    所以原不等式组的解集为 $[-1,1)$.

    (3) 原不等式等价于 $-5<2x-3<5$,

    $$-2<2x<8,$$
    $$-1<x<4,$$

    因此原不等式的解集为 $(-1,4)$.

    (4) 原不等式等价于 $2x+3\leqslant -1$ 或 $2x+3\geqslant 1$,

    $2x\leqslant -4$ 或 $2x\geqslant -2$,

    $x\leqslant -2$ 或 $x\geqslant -1$,

    因此原不等式的解集为 $(-\infty,-2]\cup[-1,+\infty)$.

    (5) 原不等式可化为 $(x-4)(x+3)\leqslant 0$,

    所以，原不等式的解集为 $[-3,4]$.

    (6) 原不等式可化为 $-x^2+5x-6>0$,

    $$x^2-5x+6<0,$$
    $$(x-3)(x-2)<0,$$

    所以，原不等式的解集为 $(2,3)$.

19. 设所围成的矩形一边长为 $x$，则相邻的一边长为 $50-x$，其中 $0<x<50$.

    于是矩形的面积为 $y=x(50-x)$. 由 $y>600$ 得

    $$x(50-x)>600,$$

$$-x^2+50x-600>0,$$
$$x^2-50x+600<0,$$
$$(x-20)(x-30)<0,$$
$$20<x<30,$$

即当矩形一边的长 $x$ 满足 $20<x<30$ 时,可以围成面积大于 $600\ \text{m}^2$ 的矩形.

由 $y=x(50-x)=-x^2+50x=-(x^2-50x)=-(x-25)^2+625$,

得当 $x=25$,即相邻两边长均为 $25\ \text{m}$ 时,所围成的矩形面积最大.

20. 因为 $3-(-x^2+2x)=x^2-2x+3=(x-1)^2+2>0$,所以 $3>-x^2+2x$.

**B 卷**

**一、填空题**

1. $(-\infty,-15)$.

2. $\left[-7,\dfrac{2}{3}\right]$.

3. **R**.

4. $\left(-\infty,\dfrac{1}{5}\right]\cup\left[\dfrac{3}{5},+\infty\right)$.

5. $(-1,2)$.

6. $(-\infty,-1]\cup\left[\dfrac{3}{2},+\infty\right)$.

7. $\left(-\infty,\dfrac{1}{2}\right)\cup\left(\dfrac{1}{2},+\infty\right)$.

8. **R**.

**二、选择题**

9. C.    10. A.    11. D.    12. D.

13. D. 由 $\begin{cases}2x-3\geqslant 0,\\ 2x-3\geqslant\dfrac{1}{4},\end{cases}$ 得 $x\geqslant\dfrac{13}{8}$.

14. C. 令 $\Delta>0$ 得 $-3<m<2$.

15. C. 将第二个方程变形成 $x=y+k$ 代入第一个方程中,得 $2y^2+2ky+k^2-16=0$,再令 $\Delta\geqslant 0$,得 $-4\sqrt{2}\leqslant k\leqslant 4\sqrt{2}$.

16. B.

**三、解答题**

17. 图略.(1) $\{2,3\}$;(2) $\{x|x<2\ \text{或}\ x>3\}$;(3) $\{x|2<x<3\}$.

18. (1) $(-\infty,-1)\cup(1,2)\cup(4,+\infty)$;

    (2) $\left[-\dfrac{10}{3},-\dfrac{5}{3}\right)\cup\left(-1,\dfrac{2}{3}\right]$.

19. 因为 $|x-a|<b(b>0)$,所以 $-b<x-a<b, a-b<x<a+b$,

又因为其解集为 $\{x|-3<x<9\}$,所以 $\begin{cases}a+b=9,\\ a-b=-3,\end{cases}$ 得 $a=3, b=6$.

20. 由题意 $\Delta<0$,即 $(1-m)^2-4m^2<0$,解得 $m<-1$ 或 $m>\dfrac{1}{3}$.

21. 由题意 $25x-(3000+20x-0.1x^2)\geqslant 0$,解得 $x\geqslant 150$ 或 $x\leqslant -200$(舍去),所以,最低产量为 150 件.

## 第三章 函 数

### §3.1 函数的概念

**A 组**

**一、填空题**

1. 对应关系 $f$,任意,唯一确定,$y=f(x)$.
2. 定义域,值域,对应法则.
3. $a$,函数值.
4. $-28,-1$.
5. $3a^2+5, 3a^2+6a+8, 3a^2+6$.
6. 解析法,列表法,图象法.
7. $1,1$.

**二、选择题**

8. B.  9. B.  10. A.  11. C.  12. D.  13. A.

**三、解答题**

14. (1) $\left\{x\left|x\neq -\dfrac{5}{4}\right.\right\}$;  (2) $\left\{x\left|x\geqslant -\dfrac{7}{2}\right.\right\}$;  (3) $\{x|x\leqslant -3 \text{ 或 } x\geqslant 1\}$;

    (4) $\{x|x\geqslant 4 \text{ 且 } x\neq 6\}$;  (5) $\{x|-2\leqslant x\leqslant 4\}$;  (6) $\{x|x\geqslant -1 \text{ 且 } x\neq 1\}$.

15. $f(1)=1, f(0)=1, f(-3)=0$.

16. (1) 7 元;(2) 19 元;(3) $y=\begin{cases}7, & 0<x\leqslant 3,\\ 2.4x-0.2, & x>3;\end{cases}$  (4) 8 km.

**B 组**

1. 函数图象如下图所示:

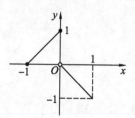

2. (1) C.

   (2) 依税率表,有

   第一段:$x\cdot 5\%(0<x\leqslant 500)$;

   第二段:$(x-500)\times 10\%+500\times 5\%(500<x\leqslant 2000)$;

   第三段:$(x-2000)\times 15\%+1500\times 10\%+500\times 5\%(2000<x\leqslant 5000)$;

$$\therefore f(x)=\begin{cases}0.05x, & 0<x\leqslant 500,\\ 0.1\times(x-500)+25, & 500<x\leqslant 2000,\\ 0.15\times(x-2000)+175, & 2000<x\leqslant 5000.\end{cases}$$

(3) 这个人 10 月份应纳税所得额为 $x=3000-2000=1000$(元),

$f(1000)=0.1\times(1000-500)+25=75$(元).

∴ 此人 10 月份应交纳个人所得税为 75 元.

3. (1) $f(-3)=2, f[f(-3)]=4.$

(2) 图象如下图所示：

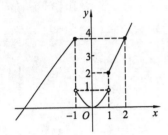

(3) 由图象可以看出：$f(a)=\dfrac{1}{2}$ 时，$a^2=\dfrac{1}{2}$,

$\therefore a=\pm\dfrac{\sqrt{2}}{2}.$

由 $a+5=\dfrac{1}{2}$，得 $a=-4\dfrac{1}{2}.$

$\therefore a=\pm\dfrac{\sqrt{2}}{2},-4\dfrac{1}{2}.$

## §3.2 函数的性质

**A 组**

一、填空题

1. 增加,减少.

2. $y$ 轴,$y$ 轴.

3. 原点,原点.

4. 减少,增加.

5. $(-\infty,1).$

二、选择题

6. D. 7. D. 8. A. 9. A. 10. B. 11. A. 12. C. 13. C.

三、解答题

14. (1)、(2)、(3) 是偶函数；(4)、(5)、(6) 是奇函数.

15. (1) 单调增加区间：$[1,4),[4,6]$,     (2) 单调增加区间：$\left[-\dfrac{3\pi}{2},0\right],\left[\dfrac{3\pi}{2},3\pi\right]$,

单调减少区间：$[-4,-2],(-2,1)$；     单调减少区间：$\left[0,\dfrac{3\pi}{2}\right].$

16. (1)  (2)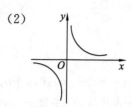

单调增加区间：$(-\infty,0]$    单调减少区间：$(-\infty,0),(0,+\infty)$
单调减少区间：$[0,+\infty)$

**B 组**

1. 设 $x_1 < x_2 \in (-\infty, 0)$，则 $f(x_1) - f(x_2) = \left(-\dfrac{1}{x_1} - 1\right) - \left(-\dfrac{1}{x_2} - 1\right) = \dfrac{x_1 - x_2}{x_1 x_2}$.

   ∵ $x_1 < x_2 \in (-\infty, 0)$，∴ $x_1 - x_2 < 0$，$x_1 x_2 > 0$，

   ∴ $f(x_1) - f(x_2) < 0$，即 $f(x_1) < f(x_2)$，

   则 $f(x) = -\dfrac{1}{x} - 1$ 在 $(-\infty, 0)$ 上是单调增加函数.

2. (1) ∵ $f(x)$ 为偶函数，∴ $f(-x) = f(x)$，即 $(-x)^2 + m(-x) + 1 = x^2 + mx + 1$，

   ∴ $m = 0$.

   (2) ∵ $f(x)$ 为偶函数，∴ $g(-x) = \dfrac{f(-x)}{-x} = -\dfrac{f(x)}{x} = -g(x)$，

   ∴ 函数 $g(x)$ 是奇函数.

   (3) ∵ $f(x)$ 为偶函数，

   ∴ $m = 0$，$f(x) = x^2 + 1$，$g(x) = \dfrac{x^2 + 1}{x} = x + \dfrac{1}{x}$.

   设 $x_1 < x_2 \in [1, +\infty)$，

   $g(x_1) - g(x_2) = \left(x_1 + \dfrac{1}{x_1}\right) - \left(x_2 + \dfrac{1}{x_2}\right) = (x_1 - x_2)\left(1 - \dfrac{1}{x_1 x_2}\right)$.

   ∵ $x_1 < x_2 \in [1, +\infty)$，∴ $x_1 - x_2 < 0$，$1 - \dfrac{1}{x_1 x_2} > 0$.

   ∴ $g(x_1) - g(x_2) < 0$，$g(x_1) < g(x_2)$.

   函数 $g(x)$ 在区间 $[1, +\infty)$ 上是单调增加函数.

3. 设 $x < 0$，则 $-x > 0$，$f(-x) = (-x)^2 - 2 \times (-x) + 1$.

   ∵ $f(x)$ 是 **R** 上的奇函数，

   ∴ $f(-x) = -f(x)$，$-f(x) = x^2 + 2x + 1$，

   ∴ $f(x) = -x^2 - 2x - 1$ $(x < 0)$，

   函数 $f(x)$ 的解析式为 $f(x) = \begin{cases} x^2 - 2x + 1, & x > 0, \\ 0, & x = 0, \\ -x^2 - 2x - 1, & x < 0. \end{cases}$

## §3.3 函数的图象

**A组**

**一、填空题**

1. $(-\infty,+\infty),(-\infty,+\infty);0,k+b$;增大,减小.

2. $\{x|x\in \mathbf{R}$ 且 $x\neq 0\},\{y|y\in \mathbf{R}$ 且 $y\neq 0\}$,原点.

3. 抛物线,轴,顶;上,下;$-\dfrac{b}{2a},\left(-\dfrac{b}{2a},\dfrac{4ac-b^2}{4a}\right)$.

4. $(1,2),2$.

5. $\left(\dfrac{6}{5},0\right),(0,-6)$.

6. $-1$.

**二、选择题**

7. C.　8. B.　9. B.　10. B.　11. D.　12. C.

**三、解答题**

13. 函数图象如图所示.

    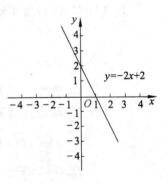

    (1) 由于 $k=-2<0$,所以随着 $x$ 的增大,$y$ 将减小.当一个点在直线上从左向右移动时,点的位置也在逐步从高到低变化,即图象从左到右呈下降趋势.

    (2) 当 $x=1$ 时,$y=0$.

    (3) 当 $x<1$ 时,$y>0$.

14. 由图象可知:$a>0,b<0,c<0,\therefore abc>0$.

    $\because$ 对称轴 $x=-\dfrac{b}{2a}$ 在 $(1,0)$ 的左侧,

    $\therefore -\dfrac{b}{2a}<1,2a+b>0$.

    $\because$ 图象过点 $(-1,2)$ 和 $(1,0),\therefore \begin{cases}a-b+c=2,\\ a+b+c=0,\end{cases} \therefore a+c=1,b=-1$,

    $\therefore a=1-c>1$.

    $\therefore$ 正确结论的序号为 ②③④.

**B组**

1. 函数图象如下:

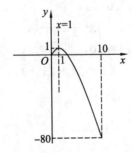

由图象知:函数的最大值为 $f(1)=1$,最小值为 $f(10)=-80$.

2. (1) 把 $A(1,b)$ 代入 $y=ax^2$ 和 $y=2x-3$ 中,得 $a=-1,b=-1$.
   (2) 解析式为 $y=-x^2$,顶点坐标为 $(0,0)$,对称轴为 $x=0$,开口向下.
   (3) $B(-1,-1)$.
   (4) $S_{\triangle OAB}=\dfrac{1}{2}\times 2\times 1=1$.

3. $f(x+1)=a(x+1)^2+b(x+1)+c=ax^2+(2a+b)x+(a+b+c),f(x)+x+1=ax^2+(b+1)x+(c+1)$.
   ∵ $f(x+1)=f(x)+x+1$,
   ∴ $ax^2+(2a+b)x+(a+b+c)=ax^2+(b+1)x+(c+1)$.
   而 $f(0)=0$,即 $c=0$.
   由 $\begin{cases}2a+b=b+1,\\ a+b+c=c+1,\\ c=0,\end{cases}$ 解得 $\begin{cases}a=\dfrac{1}{2},\\ b=\dfrac{1}{2},\\ c=0.\end{cases}$
   故 $f(x)=\dfrac{1}{2}x^2+\dfrac{1}{2}x$.

## §3.4 函数的实际应用举例

### A组

一、填空题

1. (1) 1,5;(2) 1.5;(3) $y=5x$;(4) $y=-0.5x+5.5$;(5) 6.6.
2. $y=120t(t\geqslant 0)$.
3. 1700 m.
4. 25.
5. 1.

二、选择题

6. D.  7. A.  8. D.  9. D.  10. D  11. C.  12. D.

三、解答题

13. (1) 当 $x\leqslant 100$ 时,费用为 $y=0.57x$ 元,当 $x>100$ 时,$y=57+0.5(x-100)$ 元.
    ∴ $y=\begin{cases}0.57x, & 0\leqslant x\leqslant 100,\\ 0.5x+7, & x>100.\end{cases}$
    (2) 从交费情况看,一、二月份用电均超过 100 度,三月份用电不足 100 度.
    将 $y=76$ 代入 $y=0.5x+7$,得 $x=138$(度),
    将 $y=63$ 代入 $y=0.5x+7$,得 $x=112$(度),
    将 $y=45.6$ 代入 $y=0.57x$,得 $x=80$(度),
    故小王家第一季度用电 $138+112+80=330$(度).

14. (1) $100-\dfrac{3600-3000}{50}=88$(辆),所以当每辆车的月租金定为 3600 元时,能租出

88 辆车.

(2) 设增加租金 $50x$ 元,则租金为 $(3000+50x)$ 元,租出车辆为 $100-x$,维修费用为 $150(100-x)+50x$,收益

$$y=(3000+50x)(100-x)-[150(100-x)+50x]=-50(x-21)^2+307050,$$

∴ $x=21$.所以月租金定为 $3000+50\times21=4050$ 元时,租赁公司的月收益最大,最大月收益是 307050 元.

**B 组**

1. (1) 设此一次函数表达式为 $y=kx+b$. 把点 $(0,331),(5,334)$ 代入,则 $\begin{cases} b=331, \\ 5k+b=334, \end{cases}$ 解得 $k=0.6, b=331$.

∴ $y$ 与 $x$ 的函数关系式为 $y=0.6x+331$.

(2) 把 $x=22$(℃)代入得 $y=344.2$,即在 $x=22$(℃)时,声音的传播速度为 $344.2$ (m/s).

$344.2\times5=1721$(m),

∴ 此人与烟花所放地相距 1721 m.

2. 本题主要考察函数的基本知识,考查应用数学知识分析问题和解决问题的能力.

(1) 当 $0<x\leqslant100$ 时,$P=60$;

当 $100<x\leqslant500$ 时,$P=60-0.02(x-100)=62-\dfrac{x}{50}$.

所以 $P=f(x)=\begin{cases} 60, & 0<x\leqslant100, \\ 62-\dfrac{x}{50}, & 100<x\leqslant500. \end{cases}$

(2) 销售商一次订购量为 450 件时,实际出厂价为 $P=62-\dfrac{450}{50}=53$(元),

所以利润为 $(53-40)\times450=5850$(元).

故当销售商一次订购 450 件时,利润为 5850 元.

3. (1) $45+\dfrac{260-240}{10}\times7.5=60$(吨),$p(x)=45+\dfrac{260-x}{10}\times7.5$.

(2) $y=(x-100)\left(45+\dfrac{260-x}{10}\times7.5\right)$,化简得 $y=-\dfrac{3}{4}x^2+315x-24000$.

(3) $y=-\dfrac{3}{4}x^2+315x-24000=-\dfrac{3}{4}(x-210)^2+9075$.

利达经销店要获得最大月利润,材料售价应定为每吨 210 元.

## 自测题三

**A 卷**

一、填空题

1. $-16,-2$.

2. $\left(-\infty, \dfrac{5}{2}\right]$, $(-\infty, -2) \cup (-2, +\infty)$.

3. 增,减.

4. $(1,1)$, $1$.

5. $-1$.

6. 既不是增函数也不是减函数.

7. 36.

8. $y = 20 - 4x (0 \leqslant x \leqslant 5)$.

二、选择题

9. A.  10. D.  11. A.  12. B.  13. D.  14. D.  15. B.

三、解答题

16. (1) 函数有意义满足的条件为 $\begin{cases} x+1 \geqslant 0, \\ 2-x \neq 0, \end{cases}$

∴ $x \geqslant -1$ 且 $x \neq 2$,

∴ 函数的定义域为 $\{x | x \geqslant -1$ 且 $x \neq 2\}$.

(2) 函数有意义满足的条件为 $4x - x^2 \geqslant 0$,

即 $x(x-4) \leqslant 0$,

解得 $0 \leqslant x \leqslant 4$,

∴ 函数的定义域为 $[0, 4]$.

17. (1) 解析法 $y = 2x (x \in \{1, 2, 3, 4\})$.

(2) 列表法:

| $x$ | 1 | 2 | 3 | 4 |
|---|---|---|---|---|
| $y$ | 2 | 4 | 6 | 8 |

(3) 图象法:

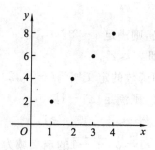

函数的值域: $y \in \{2, 4, 6, 8\}$.

18. 由图象知:函数的最大值为 4,最小值为 $-2$.

单调减少区间: $[-4, -1.5]$, $[3, 5]$, $[6, 7]$.

单调增加区间: $[-1.5, 3]$, $[5, 6]$.

19. 设抛物线的解析式为 $y = a(x+1)^2 - 8$,

把$(0,-6)$代入得$a=2$,

∴函数的解析式为$y=2x^2+4x-6$.

20. 设每件售价为$x$元,销售利润为$y$元.

由题意知:每件利润为$(x-20)$元,月销售量为$400-(x-30)\times 20=1000-20x$,

月利润$y=(x-20)(1000-20x)=-20(x-35)^2+4500$.

当$x=35$时,$y_{max}=4500$.

∴当每件售价为35元时,月销售利润最大,最大利润为4500元.

21. (1) ∵$AB=x$ m,$BC=(24-4x)$ m,

$S=x(24-4x)(0<x<6)$.

(2) $S=x(24-4x)=-4(x-3)^2+36$,

∴当$x=3$ m时所围成的花圃面积最大,最大值是36 m².

**B卷**

一、填空题

1. $[-1,3]$.

2. $-3$.

3. $f(1)>f\left(\dfrac{\pi}{2}\right)>f(2)$.

4. $\dfrac{1}{x^2-1}$,$\dfrac{x}{x^2-1}$.

5. $\dfrac{7}{3}$.

6. $[-20,5]$.

7. 奇函数.

8. $-3$.

二、选择题

9. B.   10. B.   11. D.   12. D.   13. A.   14. C.   15. B.   16. D.

三、解答题

17. (1) 函数有意义,则满足$1-2^x \geq 0$,

∴$2^x \leq 1$,即$2^x \leq 2^0$,

∴$x \leq 0$,即函数的定义域为$(-\infty,2]$.

(2) 函数有意义,则满足$|x|-1 \geq 0$,

即$|x| \geq 1$,得$x \leq -1$或$x \geq 1$,

∴函数$f(x)=\sqrt{|x|-1}$的定义域为$\{x|x \leq -1$或$x \geq 1\}$.

18. (1) $f(0)=-2$,$f(1)=3$,$f(2)=0$.

(2) ∵函数$y=f(x)$在区间$[-1,1]$上是增函数且$-1<x_1<x_2<1$,

∴$f(x_1)<f(x_2)$.

(3) 由函数图象可以看出,当$f(x)>0$时,$x$的取值范围是$(-1,2)$.

19. $f(x)=|x|$的图象如图所示:

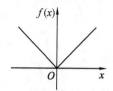

∴ $f(-3)=f(3)=3, f(-1)=f(1)=1$.

20. 设 $x<0$, 则 $-x>0$, $f(-x)=-x|-x-2|=-x|x+2|$.

∵ $f(x)$ 是奇函数, ∴ $f(-x)=-f(x)$, 即 $-f(x)=-x|x+2|$,

∴ $f(x)=x|x+2|$ $(x<0)$.

21. 设 $x_1<x_2 \in (0,+\infty)$, 则

$$f(x_1)-f(x_2)=\frac{1}{x_1}-\frac{1}{x_2}=\frac{x_2-x_1}{x_1 x_2}.$$

∵ $x_1<x_2 \in (0,+\infty)$, ∴ $x_2-x_1>0$, $x_1 x_2>0$,

∴ $f(x_1)-f(x_2)>0$, ∴ $f(x_1)>f(x_2)$.

∴ 函数 $f(x)=\frac{1}{x}$ 在 $(0,+\infty)$ 上是减函数.

22. (1) 正确描点、连线.

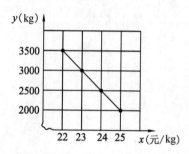

由图象可知, $y$ 是 $x$ 的一次函数, 设其解析式为 $y=kx+b$,

∵ 点 $(25,2000)$, $(24,2500)$ 在图象上,

∴ $\begin{cases} 25k+b=2000, \\ 24k+b=2500, \end{cases}$ 解得 $\begin{cases} k=-500, \\ b=14500. \end{cases}$

∴ 函数关系式 $y=-500x+14500$.

(2) $P=(x-13)\times y=(x-13)(-500x+14500)=-500x^2+21000x-188500$
$=-500(x-21)^2+32000$,

∴ $P$ 与 $x$ 的函数关系式为 $P=-500x^2+21000x-188500$.

当销售价为 $x=21$ 元/kg 时, 能获得最大利润, 最大利润为 $32000$ 元.

## 第四章 指数函数与对数函数

### §4.1 指　数

**A 组**

1. $\pm 8, 8$.

2. (1) 81；(2) $-5$；(3) $-4$；(4) 4.

3. (1) $a^{\frac{4}{3}}$；(2) $2^{\frac{15}{16}}$.

4. 原式 $=(x^{\frac{1}{2}}+x^{-\frac{1}{2}})^2-2x^{\frac{1}{2}}\cdot x^{-\frac{1}{2}}=2^2-2=2$.

5. 原式 $=a^x\cdot a^{2y}=a^x\cdot(a^y)^2=2\cdot 9=18$.

**B 组**

1. $2^{1-2n}$.

2. $9ab$.

3. A.

4. D.

## §4.2 幂函数

**A 组**

1. (1) $1.3^{\frac{3}{2}}<1.4^{\frac{3}{2}}$；(2) $0.2^5<0.5^5$.

2. 9.

3. ①、②、③.

4. $\left[\dfrac{3}{4},+\infty\right)$.

5. 列表作图略.

**B 组**

1. D.

2. $\{x\mid -6<x<1\}$.

3. $(-\infty,0)$.

4. $(-\infty,-3]$.

5. $\{x\mid x\leqslant -2\ \text{或}\ x\geqslant 4\}$.

6. 设 $x_1,x_2\in(0,+\infty),x_1<x_2$，则
$$f(x_1)-f(x_2)=x_1^2-2-x_2^2+2=x_1^2-x_2^2=(x_1+x_2)(x_1-x_2).$$
∵ $x_1,x_2\in(0,+\infty),x_1<x_2$，
∴ $x_1+x_2>0,x_1-x_2<0$，
∴ $(x_1+x_2)(x_1-x_2)<0$，
∴ $f(x_1)-f(x_2)<0$，即 $f(x_1)<f(x_2)$，
∴ 函数 $y=x^2-2$ 在 $(0,+\infty)$ 上是增函数.

## §4.3 指数函数

**A 组**

1. ②.

2. $c>a>b$.

3. (1) $0.3^{0.3}>0.3^{0.4}$；(2) $5^{\frac{1}{2}}>5^{\frac{1}{5}}$.

4. $(-\infty,-2)$.

5. $\left[\dfrac{-1-\sqrt{13}}{2}, \dfrac{-1+\sqrt{13}}{2}\right]$.

6. $(0,1)$.

7. $f(x)=4^x+3$.

8. 第一年成本为 $2000(1-5\%)$,

   第二年成本为 $2000(1-5\%)(1-5\%)=2000(1-5\%)^2$,

   函数关系式为 $y=2000(1-5\%)^x$.

   当 $x=5$ 时,

   $y=2000(1-5\%)^5\approx 1547.6$(元).

**B 组**

1. 定义域为 $\mathbf{R}$, 值域为 $(0,+\infty)$.

2. (1) 幂函数; (2) 指数函数; (3) 既不是幂函数也不是指数函数;
   (4) 既不是幂函数也不是指数函数.

3. (1) $<$; (2) $>$; (3) $<$; (4) $<$.

4. 见下图.

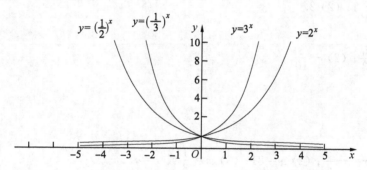

## §4.4 对数的概念

**A 组**

1. (1) $2=\log_{10}100$; (2) $-2=\log_{\frac{1}{2}}4$; (3) $\left(\dfrac{1}{2}\right)^{-1}=2$; (4) $3^{-3}=\dfrac{1}{27}$.

2. (1) $2$; (2) $-2$; (3) $\dfrac{1}{2}$; (4) $4$; (5) $4$; (6) $\dfrac{1}{9}$.

3. (1) $8$; (2) $\sqrt[4]{3}$.

4. 原式 $=f(-6+15)=f(9)=\log_3 9=2$.

**B 组**

1. (1) $\log_3 9=2$; (2) $\log_8 4=\dfrac{2}{3}$; (3) $\log_{\frac{1}{5}}25=-2$; (4) $\log_4 \dfrac{1}{16}=-2$.

2. (1) $2^3=8$; (2) $\left(\dfrac{1}{3}\right)^{-2}=9$; (3) $\left(\dfrac{1}{5}\right)^{-1}=5$; (4) $\left(\dfrac{2}{3}\right)^{-2}=\dfrac{9}{4}$.

3. (1) $\left\{x\;\middle|\;x<\dfrac{4}{3}\right\}$; (2) $\left\{x\;\middle|\;x>\dfrac{5}{3}\right\}$.

4. (1) 当 $x=\dfrac{1}{3},\dfrac{1}{9},\dfrac{\sqrt{3}}{3}$ 时, $y$ 相对应的值为 $1,2,\dfrac{1}{2}$.

(2) $x=4,\dfrac{1}{4},8$ 时, $y$ 相对应的值为 $2,-2,3$.

### §4.5 积、商、幂的对数

**A 组**

1. $a-2$.

2. $(\lg 5)^2+2\lg 5\lg 2+(\lg 2)^2=(\lg 5+\lg 2)^2=1$.

3. 3.

4. (1) 1.5562；(2) 0.9286.

5. 原式 $=\log_{\frac{1}{3}}\dfrac{1}{10}=\dfrac{\lg\dfrac{1}{10}}{\lg\dfrac{1}{3}}=\dfrac{\lg 10}{\lg 3}=\dfrac{1}{\lg 3}\approx 2.0960$.

6. $\dfrac{1}{2}$.

7. (1) $-1$; (2) 2.

**B 组**

1. (1) $\dfrac{5}{3}$; (2) $-\dfrac{3}{10}$.

2. C.

3. B.

4. C.

5. (1) $x=-\dfrac{5}{4}$; (2) $x=81$; (3) $x=\dfrac{1}{3}$ 或 $x=\sqrt{3}$.

6. $\log_{27}6=\dfrac{1}{3}\log_3 6=\dfrac{1}{a}\Rightarrow\log_3 2=\dfrac{3}{a}-1=\dfrac{3-a}{a}\Rightarrow\log_2 3=\dfrac{a}{3-a}$,

$\log_{18}16=\dfrac{1}{\dfrac{1}{4}\log_2 18}=\dfrac{4}{1+2\log_2 3}=\dfrac{4}{2\cdot\dfrac{a}{3-a}+1}=\dfrac{12-4a}{a+3}$.

### §4.6 对数函数

**A 组**

1. (1) $\log_3 2<\log_3 3=1$; (2) $\log_5 6<\log_5 7$; (3) $\log_{\frac{1}{2}}0.3>\log_{\frac{1}{2}}0.4$;

(4) 由 $\log_2 3>\log_2 2=1$, 而 $\log_7 6<\log_7 7=1$ 知 $\log_2 3>\log_7 6$.

2. (1) $(1,+\infty)$; (2) $(0,+\infty)$; (3) $(0,1)\cup(1,+\infty)$; (4) $\left(-3,-\dfrac{5}{2}\right]$.

3. $1>a>b$.

4. (1) $\left(-\infty,\dfrac{1}{2}\right)\cup\left(\dfrac{1}{2},+\infty\right)$; (2) $(0,+\infty)$.

5. 略.

6. 结论：函数 $y=\log_2(x-1)$ 在 $(1,+\infty)$ 上为单调增加函数.

证明：设 $x_1, x_2 \in (1,+\infty)$ 且 $x_1<x_2$，则

$f(x_1)=\log_2(x_1-1)$，

$f(x_2)=\log_2(x_2-1)$.

∵ $f(x_1)-f(x_2)=\log_2 \dfrac{x_1-1}{x_2-1}$，

又 $x_1, x_2 \in (1,+\infty)$ 且 $x_1<x_2$，

∴ $x_1-1>0, x_2-1>0$，

$0<x_1-1<x_2-1$，

∴ $0<\dfrac{x_1-1}{x_2-1}<1$，

∴ $\log_2 \dfrac{x_1-1}{x_2-1}<0$，即 $f(x_1)<f(x_2)$.

所以，函数 $y=\log_2(x-1)$ 在 $(1,+\infty)$ 上为单调增加函数.

**B 组**

1. $(0,+\infty)$，**R**.
2. $(1,0)$.
3. (1) <；(2) >.
4.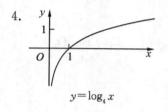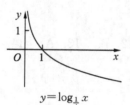

## 自测题四

**A 卷**

一、填空题

1. (1) 8；(2) 9；(3) $\dfrac{3}{2}$；(4) 2；(5) $-4$.
2. $(0,1)$，减.
3. $(1,0)$，增.
4. (1) $\left(\dfrac{1}{4}\right)^{-1}=4$；(2) $2^3=8$；

   (3) $\log_{27}9=\dfrac{2}{3}$；(4) $\log_{16}2=\dfrac{1}{4}$.

二、选择题

5. A.　6. C.

三、计算题

7. (1) $\lg\left(\dfrac{700}{9}\times\dfrac{9}{7}\times1000\right)=\lg10^5=5$;

   (2) $\lg50=\lg\dfrac{100}{2}=\lg100-\lg2=2-0.3010=1.699$;

   (3) $\lg x=\lg\dfrac{5\times3}{2}$, $x=\dfrac{15}{2}$.

**B 卷**

一、填空题

1. $a>0$ 且 $a\neq1$.

2. $a$.

3. 5.

4. $\dfrac{1}{5}$.

5. $-\dfrac{5}{4}$.

6. 81.

7. $(-\infty,2)$.

8. $(1,+\infty)$.

二、选择题

9. A.  10. A.  11. B.  12. B.  13. A.  14. B.  15. C.  16. D.

三、解答题

17. $y=\log_{0.4}\dfrac{4}{25}=\log_{\frac{2}{5}}\left(\dfrac{2}{5}\right)^2=2$.

18. 由 $(5^x-1)(5^x-5)=0$,解之可得 $x_1=0$, $x_2=1$.

19. $0<0.6^{3.1}<0.6^3<1<3^{2.1}$.

20. $(-\infty,1)\cup(2,+\infty)$.

21. $\log_9 xy=\log_9 3^{a-1}\cdot 3^{b-1}=\log_{3^2}3^{a+b-2}=\dfrac{a+b-2}{2}$.

22. 设平均每年的增长率为 $x$,则据题意可得

    $60(1+x)^5=100$,

    解之可得 $x=0.1076=10.76\%$.

    所以平均每年的增长率为 $10.76\%$.

## 第五章 三角函数

### §5.1 角的概念推广及度量角的弧度制

**A 组**

1. (1) $\{\beta|\beta=30°+k\cdot360°,k\in\mathbf{Z}\}$; (2) $\{\beta|\beta=120°+k\cdot360°,k\in\mathbf{Z}\}$;

   (3) $\{\beta|\beta=245°+k\cdot360°,k\in\mathbf{Z}\}$.

2. (1) $400°=360°+40°$,是第一象限角.
   (2) $-700°=-2·360°+20°$,是第一象限角.

3. (1) $2\pi$; (2) $\pi$; (3) $\dfrac{\pi}{180}\approx 0.01745$; (4) $\dfrac{180°}{\pi}\approx 57.3°=57°18'$.

4. (1) $60°=\dfrac{\pi}{3}$; (2) $135°=\dfrac{3\pi}{4}$; (3) $-180°=-\pi$; (4) $-120°=-\dfrac{2\pi}{3}$.

5. (1) $\dfrac{\pi}{4}=45°$; (2) $\dfrac{5\pi}{6}=150°$; (3) $\dfrac{4\pi}{3}=240°$; (4) $-\dfrac{\pi}{3}=-60°$.

6. $60°=\dfrac{\pi}{6}$,所对的弧长为 $\dfrac{\pi}{6}\times 2=\dfrac{\pi}{3}$(m);3 rad 所对的弧长为 $3\times 2=6$(m).

**B 组**

1. C.

2. B.

3. 正号.

4. $-\dfrac{5\pi}{72}$,$112.5°$(或$112°30'$).

5. $\dfrac{23}{9}$,$-\dfrac{3}{4}$.

6. $l=|\alpha|·r$,$\alpha=\dfrac{l}{r}=\dfrac{480}{240}$ rad$=2$ rad$\approx 114.6°$.

## §5.2 任意角的三角函数

**A 组**

1. (1) $\sin\alpha=\dfrac{y}{r}$; (2) $\cos\alpha=\dfrac{x}{r}$; (3) $\tan\alpha=\dfrac{y}{x}$.

2. 在角 $\dfrac{3\pi}{2}$ 的终边上取一点 $P(0,-1)$,则 $x=0,y=-1,r=1$.

   所以 $\sin\dfrac{3\pi}{2}=\dfrac{y}{r}=-1$,

   $\cos\dfrac{3\pi}{2}=\dfrac{x}{r}=0$,

   $\tan\dfrac{3\pi}{2}$ 不存在.

3. (1) $\sin\dfrac{2\pi}{3}>0$; (2) $\cos(-125°)<0$;

   (3) $\tan\left(-\dfrac{7\pi}{4}\right)>0$.

4. 因为 $\sin\alpha<0$,所以 $\alpha$ 角在第三或者第四象限,或者其终边在 $y$ 轴负半轴上,又因为 $\tan\alpha<0$,所以 $\alpha$ 角在第二或者第四象限,
   综上所述,$\alpha$ 角在第四象限.

5. 当 $\sin\alpha>0$ 且 $\cos\alpha>0$ 时,$\alpha$ 角在第一象限;当 $\sin\alpha<0$ 且 $\cos\alpha<0$ 时,$\alpha$ 角在第三象限.

**B 组**

1. B.

2. 三.

3. 在角 $-\dfrac{\pi}{2}$ 的终边上取一点 $(0,-1)$，则 $x=0, y=-1, r=1$，

   所以 $\sin\left(-\dfrac{\pi}{2}\right)=\dfrac{y}{r}=-1, \cos\left(-\dfrac{\pi}{2}\right)=\dfrac{x}{r}=0, \tan\left(-\dfrac{\pi}{2}\right)$ 不存在.

4. (1) 因为 $1158°=3\times 360°+78°$，是第一象限角，所以 $\sin 1158°>0$.

   (2) 因为 $-\dfrac{11\pi}{7}$ 是第一象限角，所以 $\cos\left(-\dfrac{11\pi}{7}\right)>0$.

   (3) 因为 $-2010°=-6\times 360°+150°$，是第二象限角，所以 $\tan(-2010°)<0$.

5. 因为 $\sin\alpha\tan\alpha<0$，所以当 $\sin\alpha<0, \tan\alpha>0$ 时，$\alpha$ 是第三象限角；

   当 $\sin\alpha>0, \tan\alpha<0$ 时，$\alpha$ 是第二象限角.

6. (1) 原式 $=6\times 0-7\times 1+4\times 1-3\times 0=-3$；

   (2) 原式 $=a\times 0+b\times 0-c\times 0-d\times 0-e\times 0=0$.

7. $\dfrac{\alpha}{2}$ 是第一或第三象限的角；$2\alpha$ 是第一或第二象限的角，或 $2\alpha$ 的终边在 $y$ 轴正半轴上.

## §5.3 同角三角函数的基本公式

**A 组**

1. 因为 $\sin^2\alpha+\cos^2\alpha=1$，

   所以 $\sin\alpha=\pm\sqrt{1-\cos^2\alpha}$，

   又 $\alpha$ 是第二象限角，所以 $\sin\alpha=\sqrt{1-\cos^2\alpha}=\sqrt{1-\dfrac{1}{4}}=\dfrac{\sqrt{3}}{2}$，

   所以 $\tan\alpha=\dfrac{\sin\alpha}{\cos\alpha}=\dfrac{\frac{\sqrt{3}}{2}}{-\frac{1}{2}}=-\sqrt{3}$.

2. 因为 $\sin^2\alpha+\cos^2\alpha=1$，

   所以 $\cos\alpha=\pm\sqrt{1-\sin^2\alpha}$，

   又 $\alpha$ 是第三象限角，所以 $\cos\alpha=-\sqrt{1-\sin^2\alpha}=-\sqrt{1-\dfrac{1}{4}}=-\dfrac{\sqrt{3}}{2}$，

   所以 $\tan\alpha=\dfrac{\sin\alpha}{\cos\alpha}=\dfrac{-\frac{1}{2}}{-\frac{\sqrt{3}}{2}}=\dfrac{\sqrt{3}}{3}$.

**B 组**

1. $\dfrac{12}{13}$.

2. $-2\sqrt{2}$.

3. $-\dfrac{3}{5}$.

4. C.

5. 当 $\alpha$ 是第二象限角时,$\sin\alpha=\dfrac{15}{17}$,$\cos\alpha=-\dfrac{8}{17}$;

   当 $\alpha$ 是第四象限角时,$\sin\alpha=-\dfrac{15}{17}$,$\cos\alpha=\dfrac{8}{17}$.

## §5.4 正弦、余弦、正切函数的负角公式和诱导公式

**A组**

1. (1) $\sin\left(-\dfrac{\pi}{4}\right)=-\sin\dfrac{\pi}{4}=-\dfrac{\sqrt{2}}{2}$;    (2) $\sin\left(\pi+\dfrac{\pi}{6}\right)=-\sin\dfrac{\pi}{6}=-\dfrac{1}{2}$;

   (3) $\cos\left(-\dfrac{\pi}{3}\right)=\cos\dfrac{\pi}{3}=\dfrac{1}{2}$;    (4) $\cos\left(\dfrac{\pi}{2}+\dfrac{\pi}{4}\right)=-\sin\dfrac{\pi}{4}=-\dfrac{\sqrt{2}}{2}$;

   (5) $\tan\left(-\dfrac{2\pi}{3}\right)=-\tan\dfrac{2\pi}{3}=\tan\dfrac{\pi}{3}=\sqrt{3}$; (6) $\tan\left(\pi-\dfrac{\pi}{6}\right)=-\tan\dfrac{\pi}{6}=-\dfrac{\sqrt{3}}{3}$.

2. $\dfrac{\sin(\alpha-\pi)\cos(2\pi-\alpha)}{\tan(\alpha-\pi)\cos(-\alpha-2\pi)}=\dfrac{-\sin(\pi-\alpha)\cos(-\alpha)}{-\tan(\pi-\alpha)\cos(2\pi+\alpha)}=\dfrac{-\sin\alpha\cos\alpha}{\tan\alpha\cos\alpha}$

   $=-\dfrac{\sin\alpha}{\tan\alpha}=-\sin\alpha\times\dfrac{\cos\alpha}{\sin\alpha}=-\cos\alpha$.

3. (1) $\sin\dfrac{7\pi}{4}=\sin\left(2\pi-\dfrac{\pi}{4}\right)=-\sin\dfrac{\pi}{4}=-\dfrac{\sqrt{2}}{2}$;

   (2) $\tan 1560°=\tan(4\cdot 360°+120°)=\tan 120°=-\sqrt{3}$;

   (3) $\cos\dfrac{7\pi}{3}=\cos\left(2\pi+\dfrac{\pi}{3}\right)=\cos\dfrac{\pi}{3}=\dfrac{1}{2}$.

**B组**

1. B.

2. D.

3. C.

4. (1) $\cos\left(-\dfrac{31\pi}{4}\right)=\cos\dfrac{31\pi}{4}=\cos\left(4\times 2\pi-\dfrac{\pi}{4}\right)=\cos\dfrac{\pi}{4}=\dfrac{\sqrt{2}}{2}$;

   (2) $\sin\left(\pi+\dfrac{4\pi}{3}\right)=-\sin\dfrac{4\pi}{3}=-\sin\left(\pi+\dfrac{\pi}{3}\right)=\sin\dfrac{\pi}{3}=\dfrac{\sqrt{3}}{2}$;

   (3) $\tan(-840°)=-\tan 840°=-\tan(720°+120°)=-\tan 120°=\sqrt{3}$.

## §5.5 三角函数的图象与性质

**A组**

1. (1) **R**;$2\pi$. (2) $[-1,1]$. (3) 奇,原点;偶,$y$ 轴.

2. (1) 最小值为 0,最大值为 2;   (2) 最小值为 $-4$,最大值为 0;
   (3) 最小值为 1,最大值为 5;   (4) 最小值为 0,最大值为 2.

3. 略.

**B 组**

1. $-\dfrac{1}{2}, -\dfrac{3}{2}$.

2. $-10$.

3. (1) 因为 $-\dfrac{\pi}{2} < -\dfrac{\pi}{10} < -\dfrac{\pi}{18} < \dfrac{\pi}{2}$, 且 $y = \sin x$ 在 $\left[-\dfrac{\pi}{2}, \dfrac{\pi}{2}\right]$ 上是单调递增的, 所以 $\sin\left(-\dfrac{\pi}{18}\right) > \sin\left(-\dfrac{\pi}{10}\right)$.

   (2) 因为 $\sin\left(-\dfrac{54\pi}{7}\right) = \sin\dfrac{2\pi}{7}$, $\sin\left(-\dfrac{63\pi}{8}\right) = \sin\dfrac{\pi}{8}$, 且 $y = \sin x$ 在 $\left[-\dfrac{\pi}{2}, \dfrac{\pi}{2}\right]$ 上是单调递增的, 又因为 $\dfrac{2\pi}{7} > \dfrac{\pi}{8}$, 所以 $\sin\left(-\dfrac{54\pi}{7}\right) > \sin\left(-\dfrac{63\pi}{8}\right)$.

4. 由题意 $\sin\beta = (a+1)^2$, 得 $-1 \le \sin\beta \le 1$, 所以 $a$ 的取值范围是 $[-2, 0]$.

5. 原式 $= \sqrt{\dfrac{(1+\sin\alpha)^2}{\cos^2\alpha}} + \sqrt{\dfrac{(1-\sin\alpha)^2}{\cos^2\alpha}}$
   $= -\dfrac{1+\sin\alpha}{\cos\alpha} + \dfrac{1-\sin\alpha}{\cos\alpha}$
   $= -\dfrac{2\sin\alpha}{\cos\alpha}$
   $= -2\tan\alpha$.

6. 原式 $= \sqrt{\dfrac{(1-\cos\alpha)^2}{\sin^2\alpha}} - \sqrt{\dfrac{(1+\cos\alpha)^2}{\sin^2\alpha}}$
   $= \dfrac{1-\cos\alpha}{|\sin\alpha|} - \dfrac{1+\cos\alpha}{|\sin\alpha|}$.

   因为 $\pi < \alpha < \dfrac{3\pi}{2}$, 所以 $\sin\alpha < 0$,

   所以, 原式 $= -\dfrac{1-\cos\alpha}{\sin\alpha} + \dfrac{1+\cos\alpha}{\sin\alpha} = 2\dfrac{\cos\alpha}{\sin\alpha}$.

7. 由 $-1 \le \dfrac{2}{4-a} \le 1$, $-1 \le \dfrac{2}{a-4} \le 1$, 得 $a \ge -6$ 或 $a \le 2$, 即 $a$ 的取值范围是 $(-\infty, 2] \cup [-6, +\infty)$.

8. 因为左边 $= \dfrac{\sin^3\theta}{\cos\theta} + \dfrac{\cos^3\theta}{\sin\theta} + 2\sin\theta\cos\theta = \dfrac{1}{\sin\theta\cos\theta}$,

   右边 $= \dfrac{\sin\theta}{\cos\theta} + \dfrac{\cos\theta}{\sin\theta} = \dfrac{1}{\sin\theta\cos\theta}$,

   所以左边 = 右边, 得证.

9. (1) 弧度为 $-1.220$, 角度为 $-69°55'$; (2) 弧度为 $0.6836$, 角度为 $39°10'$;
   (3) 弧度为 $-0.4263$, 角度为 $24°25'$; (4) 弧度为 $-1.471$, 角度为 $-84°17'$.

10. (1) 满足 $\sin x = -\dfrac{\sqrt{3}}{2}$ 的主值范围内的角 $x = -\dfrac{\pi}{3}$. 与 $-\dfrac{\pi}{3}$ 有相等正弦线的角的

集合为 $\left\{x \mid x=-\dfrac{\pi}{3}+2k\pi \text{ 或 } x=-\dfrac{2\pi}{3}+2k\pi, k\in \mathbf{Z}\right\}$.

(2) 满足 $\cos x=-\dfrac{\sqrt{3}}{2}$ 的主值范围内的角 $x=\dfrac{\pi}{4}$. 与 $\dfrac{\pi}{4}$ 有相等正弦线的角的集合为 $\left\{x \mid x=\dfrac{\pi}{4}+2k\pi \text{ 或 } x=-\dfrac{\pi}{4}+2k\pi, k\in \mathbf{Z}\right\}$.

(3) 满足 $\tan x=-1$ 的主值范围内的角 $x=-\dfrac{\pi}{4}$. 与 $-\dfrac{\pi}{4}$ 有相等正弦线的角的集合为 $\left\{x \mid x=-\dfrac{\pi}{4}+2k\pi, k\in \mathbf{Z}\right\}$.

11. (1) 由已知得 $x=-\dfrac{\pi}{6}+2k\pi$ 或 $x=-\dfrac{5\pi}{6}+2k\pi, k\in\mathbf{Z}$. 因为 $x\in[0,2\pi]$, 所以当 $k=1$ 时, $x=-\dfrac{\pi}{6}+2\pi=\dfrac{11\pi}{6}$ 或 $x=-\dfrac{5\pi}{6}+2\pi=\dfrac{7\pi}{6}$. 满足条件的 $x$ 的集合为 $\left\{\dfrac{7\pi}{6},\dfrac{11\pi}{6}\right\}$.

(2) 因为 $\cos x=-\dfrac{\sqrt{3}}{2}$, 所以 $x=\dfrac{5\pi}{6}+2k\pi$ 或 $x=\dfrac{7\pi}{6}+2k\pi, k\in\mathbf{Z}$. 因为 $x\in[-2\pi,0]$, 所以当 $k=-1$ 时, $x=-\dfrac{7\pi}{6}$ 或 $x=-\dfrac{5\pi}{6}$. 满足条件的 $x$ 的集合为 $\left\{-\dfrac{7\pi}{6},-\dfrac{5\pi}{6}\right\}$.

(3) 因为 $\tan x=\dfrac{\sqrt{3}}{3}$, 所以 $x=\dfrac{\pi}{6}+k\pi, k\in\mathbf{Z}$. 因为 $x\in[3\pi,5\pi]$, 所以当 $k=3$ 时, $x=\dfrac{\pi}{6}+3\pi=\dfrac{19\pi}{6}$; 当 $k=4$ 时, $x=\dfrac{\pi}{6}+4\pi=\dfrac{25\pi}{6}$. 满足条件的 $x$ 的集合为 $\left\{\dfrac{19\pi}{6},\dfrac{25\pi}{6}\right\}$.

## 自测题五

**A卷**

一、选择题

1. C.  2. B.  3. B.  4. C.

二、填空题

5. $57.3$; $\pi$.

6. $\dfrac{1}{2}$; $\dfrac{\sqrt{2}}{2}$.

7. $\left\{\beta \mid \beta=2k\pi+\dfrac{5\pi}{6}, k\in\mathbf{Z}\right\}$.

8. $\dfrac{\pi}{3}$.

9. $y$.

三、解答题

10. (1) $\sin\left(-\dfrac{3\pi}{4}\right)<0$;  (2) $\cos 361°>0$;

    (3) $\tan(-725°)<0$;  (4) $\cos\dfrac{13\pi}{6}>0$.

11. 略.

12. 由题意知 $x=-2, y=1$, 则 $r=\sqrt{(-2)^2+1^2}=\sqrt{5}$.

    所以 $\sin\alpha=\dfrac{y}{r}=\dfrac{1}{\sqrt{5}}=\dfrac{\sqrt{5}}{5}$,

    $\cos\alpha=\dfrac{x}{r}=\dfrac{-2}{\sqrt{5}}=-\dfrac{2\sqrt{5}}{5}$,

    $\tan\alpha=\dfrac{y}{x}=\dfrac{1}{-2}=-\dfrac{1}{2}$.

13. 因为 $\sin^2\alpha+\cos^2\alpha=1$,

    所以 $\sin\alpha=\pm\sqrt{1-\cos^2\alpha}$.

    又 $\alpha$ 是第三象限角, 所以 $\sin\alpha=-\sqrt{1-\cos^2\alpha}=-\sqrt{1-\dfrac{1}{4}}=-\dfrac{\sqrt{3}}{2}$,

    所以 $\tan\alpha=\dfrac{\sin\alpha}{\cos\alpha}=\dfrac{-\dfrac{\sqrt{3}}{2}}{-\dfrac{1}{2}}=\sqrt{3}$.

14. (1) 原式 $=\dfrac{\sin\alpha(-\cos\alpha)}{\tan\alpha\cos(-\alpha)}=\dfrac{-\sin\alpha\cos\alpha}{\tan\alpha\cos\alpha}=-\dfrac{\sin\alpha}{\tan\alpha}=-\cos\alpha$;

    (2) 原式 $=\dfrac{\cos\alpha\tan(-\alpha)}{\cos(-\alpha)\sin\alpha}=\dfrac{-\cos\alpha\tan\alpha}{\cos\alpha\sin\alpha}=-\dfrac{\tan\alpha}{\sin\alpha}=-\dfrac{1}{\cos\alpha}$.

15. 略.

**B 卷**

一、选择题

1. B.  2. B.  3. C.  4. C.  5. D.

二、填空题

6. $[1,2]$.

7. $<$.

8. $\left\{\alpha\,\middle|\,2k\pi+\pi<\alpha<2k\pi+\dfrac{3\pi}{2}, k\in\mathbf{Z}\right\}$.

9. $\left\{x\,\middle|\,2k\pi+\dfrac{\pi}{6}<x<2k\pi+\dfrac{5\pi}{6}, k\in\mathbf{Z}\right\}$.

10. $2k\pi+\dfrac{\pi}{2}\ (k\in\mathbf{Z})$, 2.

三、解答题

11. 设 $P$ 为角 $\alpha$ 终边上任意一点,且 $P$ 点坐标为 $(a,-2a)$,则
$$r=\sqrt{a^2+(-2a)^2}=-\sqrt{5}a\ (a<0),$$
所以 $\sin\alpha=\dfrac{y}{r}=\dfrac{-2a}{-\sqrt{5}a}=\dfrac{2\sqrt{5}}{5},\tan\alpha=\dfrac{y}{x}=\dfrac{-2a}{a}=-2.$

12. $\because 1230°\div 360°=3$ 余 $150°$,
$\therefore 1230°=3\times 360°+150°$,是第二象限角;
$\because -3290°\div 360°=-10$ 余 $310°$,
$\therefore -3290°=-10\times 360°+310°$,是第四象限角.

13. 逆用公式 $\sin^2\alpha+\cos^2\alpha=1$,则有 $1=\sin^2\dfrac{\alpha}{2}+\cos^2\dfrac{\alpha}{2}$. 于是

原式 $=\sqrt{\sin^2\dfrac{\alpha}{2}+\cos^2\dfrac{\alpha}{2}-2\sin\dfrac{\alpha}{2}\cos\dfrac{\alpha}{2}}+\sqrt{\sin^2\dfrac{\alpha}{2}+\cos^2\dfrac{\alpha}{2}+2\sin\dfrac{\alpha}{2}\cos\dfrac{\alpha}{2}}$

$=\sqrt{\left(\sin\dfrac{\alpha}{2}-\cos\dfrac{\alpha}{2}\right)^2}+\sqrt{\left(\sin\dfrac{\alpha}{2}+\cos\dfrac{\alpha}{2}\right)^2}.$

$\because 0<\alpha<\dfrac{\pi}{2},\therefore 0<\dfrac{\alpha}{2}<\dfrac{\pi}{4},\therefore \cos\dfrac{\alpha}{2}>\sin\dfrac{\alpha}{2}>0.$

原式 $=\cos\dfrac{\alpha}{2}-\sin\dfrac{\alpha}{2}+\cos\dfrac{\alpha}{2}+\sin\dfrac{\alpha}{2}=2\cos\dfrac{\alpha}{2}.$

14. 左边 $=\dfrac{\dfrac{\sin\alpha}{\cos\alpha}+\dfrac{1}{\cos\alpha}-1}{\dfrac{\sin\alpha}{\cos\alpha}-\dfrac{1}{\cos\alpha}+1}=\dfrac{\sin\alpha-\cos\alpha+1}{\sin\alpha+\cos\alpha-1}$

$=\dfrac{\sin\alpha-\cos\alpha+1}{\sin\alpha+\cos\alpha-1}\cdot\dfrac{\sin\alpha-\cos\alpha+1}{\sin\alpha+\cos\alpha-1}$

$=\dfrac{(\sin\alpha+1)^2-\cos^2\alpha}{(\sin\alpha+\cos\alpha)^2-1}=\dfrac{2\sin^2\alpha+2\sin\alpha}{2\sin\alpha\cos\alpha}$

$=\dfrac{\sin\alpha+1}{\cos\alpha}=$ 右边.